FENBUSHI GUANGFU BINGWANG FUWU
PEIXUN JIAOCAI

# 分布式光伏并网服务
## 培训教材

国网浙江省电力有限公司　组编

中国电力出版社
CHINA ELECTRIC POWER PRESS

## 内 容 提 要

　　为提高分布式光伏并网服务人员的整体业务水平，国网浙江省电力有限公司组织专家编写了《分布式光伏并网服务培训教材》，全书共分四章，内容包括分布式光伏发电基础知识、分布式光伏电源并网接入技术、分布式光伏并网业务、分布式光伏发电用户管理等。

　　本书可作为供电企业从事分布式光伏并网服务相关业务人员的培训教材，也可供相关工程技术人员阅读参考。

**图书在版编目（CIP）数据**

分布式光伏并网服务培训教材/国网浙江省电力有限公司组编 . —北京：中国电力出版社，2019.12
（2024.9重印）
ISBN 978-7-5198-3375-6

Ⅰ . ①分… 　Ⅱ . ①国… 　Ⅲ . ①太阳能光伏发电－技术培训－教材 　Ⅳ . ①TM615

中国版本图书馆 CIP 数据核字（2019）第 138540 号

---

出版发行：中国电力出版社
地　　址：北京市东城区北京站西街 19 号（邮政编码 100005）
网　　址：http://www.cepp.sgcc.com.cn
责任编辑：肖　敏（010-63412363）
责任校对：黄　蓓　马　宁
装帧设计：王红柳
责任印制：石　雷

---

印　　刷：三河市百盛印装有限公司
版　　次：2019 年 12 月第一版
印　　次：2024 年 9 月北京第五次印刷
开　　本：787 毫米×1092 毫米　16 开本
印　　张：8.25
字　　数：201 千字
印　　数：3501—4500 册
定　　价：40.00 元

---

# 编委会

# 前　言

　　能源是国民经济发展的基础，随着我国社会经济的快速发展，能源需求不断攀升，以化石能源为主的能源消费结构面临着能源安全和环境保护的双重考验，大力开发利用太阳能、风能等可再生的清洁能源成为国家能源战略的必然选择。

　　在技术进步和法规政策的强力推动下，太阳能光伏发电应用呈现出快速发展的势头。分布式光伏发电项目与集中式光伏电站相比，具有投资小、占地少、见效快、收益稳定、维护简单等优势，因此，近年来分布式光伏装机容量的增长特别迅猛。分布式光伏电源的大量接入，给电网运行带来了许多影响，对普通光伏用户的安全保障、设备维护也提出了较高的要求。目前，供电企业的分布式光伏并网服务及日常管理人员缺乏对光伏发电基础知识、技术要求和相关政策的了解，导致相关项目的设计施工、设备选型、安全管理、服务流程等环节存在较多问题。为提高分布式光伏并网服务人员的整体业务水平，国网浙江省电力有限公司组织专家编写了《分布式光伏并网服务培训教材》，旨在为其提供一本切合分布式光伏相关政策，并兼具系统性、专业性的培训教材。

　　本书结合国内外分布式光伏发电技术和相关政策的发展动态，全面介绍了分布式光伏发电系统并网接入应用所必备的基础知识。全书共分四章，内容包括分布式光伏发电基础知识、分布式光伏电源并网接入技术、分布式光伏并网业务、分布式光伏发电用户管理等。

　　本书通俗简练、图文并茂，可作为供电企业从事分布式光伏并网服务相关业务人员的培训教材，也可供相关工程技术人员阅读参考。

　　由于编者水平所限，书中不妥之处在所难免，欢迎读者给予批评指正。

编　者

2019 年 5 月

# 目 录

# 绪论

太阳能是一种非常理想的新能源，近年来，由于人们对能源、环境问题的日益关注，太阳能的应用越来越受到人们的重视，太阳能的应用领域越来越广泛。将太阳能转换为高品位的电能，再加以多样化应用，这种方式正在成为太阳能资源应用的重要发展方向。

## 一、分布式电源与光伏发电

集中发电、远距离输电和大电网互联是电能生产、输送、分配的主要方式，世界上绝大多数电力负荷通过这种方式获得电能。这种"大电源、大电网"的集中供电方式有很多优点，但也存在一些弊端，如不能灵活跟踪负荷的变化、局部事故易扩散而导致大面积停电、远距离输电使输配电损耗提高等。

区别于传统的集中供电方式，分布式电源（DG）是指小规模、分散布置在用户附近，接入中低压配电网的电源。它包括可再生能源发电、资源综合利用发电、高能效天然气多联供发电等三种发电类型。

分布式电源是具有低污染排放、灵活方便、高可靠性和高效率等特点的能量生产系统。分布式电源与大电网的合理结合将大大改善供电效率、供电质量、供电安全性，减轻环境污染，减轻不断增长的能源需求对电网造成的压力，被认为是 21 世纪电力工业的发展方向。

一般情况下，分布式电源主要来自于光伏发电、地热发电、风力发电、生物质能发电（如沼气发电、污水余热发电）、海洋潮汐发电，以及微型燃气轮机、燃料电池、小型水电站等。近年来，太阳能光伏发电和风力发电两种新型能源获取方式的应用较为广泛，技术也较为成熟，还能够促进能源消费结构的改变，实现低碳生活的美好愿景。

光伏发电的优点如下：①可再生，储量巨大；②分布广泛、普遍；③可以与风力发电互补发电，也可以与建筑结合；④清洁，绿色，环保，无污染；⑤安全、可靠、即插即用；⑥结构简单、无机械旋转部件，运行稳定，安装维修方便。

## 二、我国太阳能资源的优势

太阳辐射是地球获得能量的主要来源。年总辐射量为 $1200kWh/m^2$ 以上或平均有效日照时数为 3.19h 以上的地区为太阳能可利用区。

我国是世界上太阳能资源较为丰富的国家之一，全国有 2/3 以上的地区年辐射总量大于 $5.02 \times 10^6 kJ/m^2$，年日照时数超过了 2000h。其中，西部地区年日照时间 3000h 以上。在西部新疆、西藏、甘肃、宁夏等地区，日辐射量能够达到 $5.1kWh/m^2$，且人烟稀少，有利于太阳能资源的最大化利用，适合建设大型集中式光伏电站。东部地区日辐射量仅为 $3.2kWh/m^2$，且人口较为稠密，空地相对较少，更适合结合外墙、屋顶等位置开发分布式光伏发电。

### 三、我国光伏发电发展现状

"十一五"以来，我国发电装机规模持续高速增长，年均增长 11.9%。其中，清洁能源装机增长率为 15.1%，太阳能发电装机增长率为 53.7%，显著高于其他电源装机增长水平。光伏发电已全面进入规模化发展阶段。

根据彭博新能源财经关于 2015~2020 年全球新增装机容量的能源类型构成预测，全球煤炭发电新增装机容量占能源总装机容量从 2015 年的 18.48%，缩减到 2020 年的 12.96%；太阳能发电从 20.76%增加到 28.97%，到 2020 年，煤炭发电的新增装机容量将不足太阳能发电的 50%，光伏将成为未来能源发展的首位。

中国从 1958 年开始研制光伏电池，至 2007 年，全国光伏电池产量 118.8 万 kW，同比增长 293%。2010 年超越欧洲、日本成为世界光伏电池生产第一大国。20 世纪初期，我国的光伏产业是由欧美发达国家需求带动起来的，光伏产业发展严重不均衡，产业上游及终端两头在外。另外，受制于国外多晶硅料的专利保护和技术门槛等，国内需求远远小于产量，2011 年之前国内生产的光伏电池95%以上用于出口。

2013 年以来，我国进一步重视光伏产业发展，我国光伏产业实现了快速发展，现在已成为国内为数不多可参与国际竞争并取得领先优势的产业。

自 2013 年起，我国每年新增光伏装机容量都超过千万千瓦，成为全球最大的光伏应用市场。2015 年底，我国累计光伏装机容量达 4318 万 kW，首次超过德国，跃居世界第一。2017年，我国多晶硅、硅片、电池和组件等产业链主要环节的全球市场占比分别为 55%、83%、68%和 71%，市场占有率位居世界前列，真正成为全球光伏制造大国。2009~2018 年我国并网光伏装机容量变化数据如图 0-1 所示。

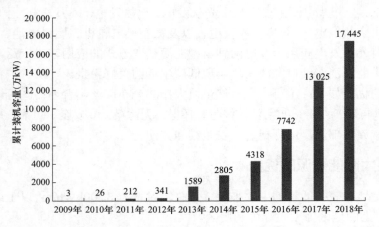

图 0-1　2009~2018 年我国并网光伏装机容量

其中，光伏电站和分布式光伏装机容量如表 0-1 所示。

因为分布式光伏发电项目靠近用户安装，基本不存在集中式光伏电站的电量消纳难题，另外分布式光伏还具有投资低、占地少、并网简便、收益稳定等优点，所以，近几年来分布式光伏装机容量增长速度明显加快。2014~2018 年光伏电站和分布式光伏装机规模如图 0-2

所示。

表 0-1　　　　　　　2014～2018 年光伏电站和分布式光伏装机容量统计表

| 年　份 | 2014 | 2015 | 2016 | 2017 | 2018 |
|---|---|---|---|---|---|
| 光伏电站装机容量累计 | 2338 | 3712 | 6710 | 10059 | 12384 |
| 分布式光伏装机容量累计 | 467 | 606 | 1032 | 2966 | 5061 |
| 新增光伏电站装机容量 | 855 | 1374 | 3031 | 3362 | 2330 |
| 新增分布式光伏装机容量 | 205 | 139 | 423 | 1944 | 2096 |

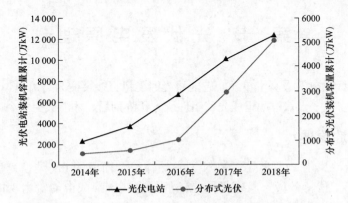

图 0-2　2014～2018 年光伏电站和分布式光伏装机规模

# 第一章

# 分布式光伏发电基础知识

本章主要介绍光伏电池发电原理、光伏发电系统以及光伏发电系统接入对电网带来的管理及技术影响。

## 第一节　光伏发电原理

光伏电池是光伏发电的最基本单元，它能将光照能量直接转变为直流电，但是单个电池输出的能量很小，只有将很多光伏电池组成光伏组件或光伏阵列后，才能成为一个可用的直流电源。

### 一、光伏电池原理

大多数光伏电池属于 P 型半导体和 N 型半导体组合而成的 PN 结型光伏电池，它是一种基于半导体材料光生伏特效应，具有将阳光的能量直接转换成电能输出功能的半导体器件。

以单晶硅光伏电池为例，电池是由 P 型半导体和 N 型半导体结合而成的。P 型半导体由单晶硅通过特殊工艺掺入少量的 3 价元素组成，会在半导体内部形成带正电的空穴；N 型半导体由单晶硅通过特殊工艺掺入少量的 5 价元素组成，会在半导体内部形成带负电的自由电子。当 N 型和 P 型两种不同的半导体材料接触后，由于电子和空穴的相互扩散，在界面处形成由 N 区指向 P 区的内建电场。内建电场方向和 PN 结结构如图 1-1 所示。

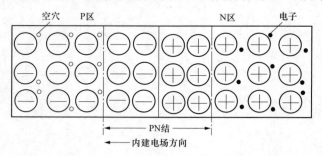

图 1-1　内建电场方向和 PN 结结构

当光线照射在光伏电池上，光能转换成电能的过程如下：

（1）光伏电池吸收一定能量的光子后，半导体内产生电子—空穴对，称为光生载流子。电子与空穴的电极性相反，电子带负电，空穴带正电。

（2）电极性相反的光生载流子被半导体 PN 结所产生的静电场分离开。

（3）光电子流子和空穴分别被光伏电池的正、负极收集，并在外电路中产生电流，从而获得电能。

晶硅光伏电池发电原理如图 1-2 所示。当光伏电池上没有太阳光线照射时，其电气特性表现为二极管特性。

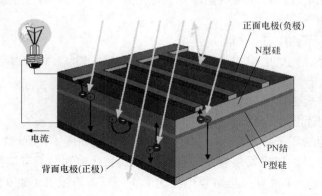

图 1-2　晶硅光伏电池发电原理

## 二、光伏电池分类

光伏电池主要以半导体材料为基础制作而成，根据所用材料的不同，光伏电池可分为硅系光伏电池、多元化合物系光伏电池和有机半导体系光伏电池等。从对太阳光的吸收效率、能量转换效率、制造技术的成熟与否及制造成本等多个因素来看，每种光伏材料各有其优、缺点。

### （一）硅系光伏电池

硅系光伏电池因其基础材料来源广泛、制造工艺成熟、工业化产品转换效率较高等特点，占据了约 80% 的光伏发电市场份额。因为硅基材料中硅原子排列方式的不同，硅系光伏电池又可分为单晶硅光伏电池、多晶硅光伏电池和非晶硅光伏电池。

#### 1. 单晶硅光伏电池

单晶硅光伏电池是由高纯单晶硅片制造的，因为单晶硅片是经由圆柱形的单晶硅棒裁切而来，所以并非是完整的正方形，其外观如图 1-3 所示。

量产的单晶硅光伏电池转换效率一般为 16%～19%（实验室产品转换效率约 25%），峰值功率为 160～190Wp/m$^2$，其工作稳定性好，使用寿命可达 20～25 年。

#### 2. 多晶硅光伏电池

制作多晶硅光伏电池的原料是经过熔化后而加工成的正方形硅锭，而不是拉成单晶，切成的硅片由单晶硅颗粒聚集而成，其外观如图 1-4 所示，很容易与单晶硅光伏电池区别开来。

图 1-3　单晶硅光伏电池外观

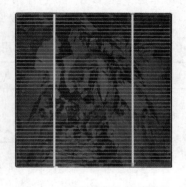

图 1-4　多晶硅光伏电池外观

多晶硅光伏电池的光电转换机制与单晶硅光伏电池完全相同。相较于单晶硅光伏电池，多晶硅光伏电池的特点如下：

（1）制造简便，节约电耗，相对成本低。

（2）量产的多晶硅光伏电池的转换效率一般为 14%～18%，比单晶硅电池略低。峰值功率为 140～180Wp/m$^2$。

（3）使用寿命略短于单晶硅光伏电池。

### 3. 非晶硅光伏电池

非晶硅光伏电池的原子排列呈现无规则状态，其外观如图 1-5 所示。

非晶硅光伏电池是近年来发展较为完善的薄膜式光伏电池，其硅膜厚度为 1～2μm，仅为晶硅片厚度的 1/100，单片非晶硅薄膜电池的面积可以做得很大（如 0.5m×1.0m）。薄膜式光伏电池除了平面结构外，也因为具有可挠性，可以制作成非平面构造，使其应用范围扩大，可以方便地与建筑物结合或是变成建筑体的一部分。

非晶硅光伏电池的主要特点如下：

（1）制造过程工艺简化，硅料消耗少，电能损耗低。

（2）在弱光条件下也能发电。

（3）转换效率偏低，一般低于 10%，国际先进水平为 13%～14%。

（4）转换效率衰减较快，长期运行稳定性不好。

### （二）多元化合物系光伏电池

图 1-5　非晶硅光伏电池外观

多元化合物系光伏电池指不用单一元素材料制成的光伏电池。现在各国研究的品种繁多，大多数尚未实现商品化生产，主要有硫化镉（CdS）光伏电池、碲化镉（CdTe）光伏电池、砷化镓（GaAs）光伏电池和铜铟硒（CuInSe$_2$）光伏电池等。

硫化镉和碲化镉薄膜光伏电池的光电转化效率较非晶硅薄膜电池高，成本较晶体硅电池低，易于大规模生产。但是，镉有剧毒，会对环境造成严重污染，这大大制约了该系列光伏电池的发展。而砷化镓光伏电池和铜铟硒光伏电池尽管具有高于硅系光伏电池的光电转化效率，但因其材料稀有，只能少量应用。有机半导体系光伏电池因在光伏发电市场的占有率极低，本书不再介绍。常用光伏电池优、缺点比较见表 1-1。

表 1-1　　　　　　　　　　　常用光伏电池优、缺点比较

| 光伏电池类型 | | 优　点 | 缺　点 | 备　注 |
|---|---|---|---|---|
| 常规晶硅电池 | 单晶硅 | 1. 原材料丰富<br>2. 性能稳定<br>3. 转换效率高 | 1. 制造过程耗电多<br>2. 所需硅料多 | 转化效率 16%～19%，厚度 0.1～0.3mm |
| | 多晶硅 | 1. 原材料丰富<br>2. 制造成本低于单晶硅<br>3. 转换效率较高 | 1. 所需硅料多<br>2. 性能稳定性不如单晶硅 | 转化效率 14%～18% |

续表

| 光伏电池类型 | | 优　点 | 缺　点 | 备　注 |
|---|---|---|---|---|
| 薄膜电池 | 非晶硅 | 1. 原材料丰富<br>2. 制造能耗低、成本低<br>3. 可弱光发电 | 1. 转换效率偏低<br>2. 性能衰减快 | 转化效率<10%，厚度1~2μm |
| | 化合物 | 1. 转换效率高<br>2. 材料消耗少<br>3. 性能稳定 | 材料稀缺 | 转化效率：碲化镉9%~11%，铜铟硒13%~15% |

## 三、光伏电池的电气特性

### （一）光伏电池的典型电气特性

光伏电池的电气特性通常采用 $P\text{-}U$（功率-电压）或 $I\text{-}U$（电流-电压）特性曲线进行描述。在光谱辐照度 $1kW/m^2$、电池片温度 $25℃$ 的条件下，面积为 $100cm^2$ 的单晶硅电池的 $P\text{-}U$ 和 $I\text{-}U$ 特性曲线如图 1-6 所示。

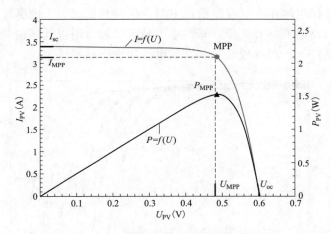

图 1-6　典型光伏电池的 $P\text{-}U$ 和 $I\text{-}U$ 特性曲线

图 1-6 中：$U_{oc}$ 为光伏电池输出端开路电压，在 $100mW/cm^2$ 的光源照射下，一般单晶硅的开路电压为 $450\sim600mV$，最高可达 $690mV$；$I_{sc}$ 为外部短路时电池输出的电流，对于面积为 $1cm^2$ 的电池片，其 $I_{sc}=16\sim30mA$；$P_{PV}$ 为光伏电池的输出功率，$I_{PV}$ 为光伏电池的输出电流，$U_{PV}$ 为光伏电池的输出电压；$I_{MPP}$ 为给定光照及温度条件下，光伏电池输出最大功率时刻的光伏电池工作电流；$U_{MPP}$ 为给定光照及温度条件下，光伏电池输出最大功率时刻的光伏电池工作电压；$P_{MPP}$ 为给定光照及温度条件下，光伏电池能够输出的最大功率；MPP 为最大功率点。

图 1-6 显示光伏电池的输出功率随着输出电压的增加而先增后减，输出电流随着输出电压的增加先保持基本不变再迅速减小，$P\text{-}U$ 和 $I\text{-}U$ 特性曲线均具有明显的非线性特征。

图 1-7 所示为光伏电池在不同光照条件下的 $I\text{-}U$ 特性曲线。当温度一定时，随着光照强度由弱到强的变化，短路电流增幅较大，开路电压只是略有增加，光伏电池的峰值功率显著增加。

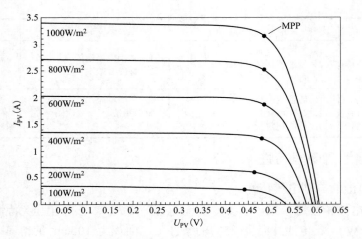

图 1-7　光伏电池不同光照条件下的 I-U 特性曲线

图 1-8 所示为光伏电池在不同温度条件下的 I-U 特性曲线。光照强度一定时，随着温度下降，光伏电池的短路电流略有下降，开路电压显著增加，所以其峰值功率也明显增加。这意味着在相同光照条件下，温度较低时，光伏电池的输出功率较大。

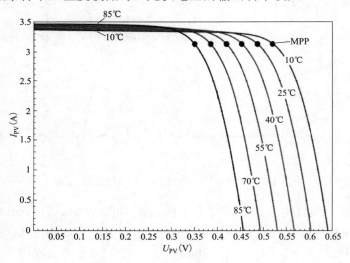

图 1-8　光伏电池在不同温度条件下的 I-U 特性曲线

## （二）光伏电池片的主要性能参数

根据图 1-6 光伏电池的 I-U 和 P-U 特性曲线可知，光伏电池的电气特性参数与太阳辐照度、太阳光谱分布和电池片的工作温度有关，因此光伏电池的特性参数是在标准测试状态下测量得到的。

### 1. 光伏电池的标准测试状态

光伏电池标准测量条件被欧洲委员会定义为 101 号标准，设定在光伏电池片表面温度 25℃、太阳能辐射强度 $1kW/m^2$、大气质量指数为 1.5 条件下进行的测试，称为标准测试状态。

大气质量是指太阳光通过大气层的路径长度。外太空大气质量指数为 0，阳光垂直照射地球时，大气质量指数为 1（相当于春分/秋分阳光垂直照射于赤道上的光谱），光伏电池标准测试条件是大气质量指数为 1.5（相当于春分/秋分阳光照射于南纬/北纬约 48.2°上的光谱）。

## 2. 光伏电池片的电气特性参数

（1）峰值电流（$I_m$）：峰值电流也叫最大工作电流或最佳工作电流。峰值电流指光伏电池片输出最大功率时的工作电流，峰值电流的单位是安培（A）。

（2）峰值电压（$U_m$）：峰值电压也叫最大工作电压或最佳工作电压。峰值电压指光伏电池片输出最大功率时的工作电压，峰值电压的单位是伏（V）。峰值电压不随电池片面积的增减而变化，一般为 0.45～0.5V。

（3）峰值功率（$P_m$）：峰值功率也叫最大输出功率或最佳输出功率，峰值功率的单位是Wp（读作峰瓦）。峰值功率指光伏电池片正常工作或测试条件下的最大输出功率，也就是峰值电流与峰值电压的乘积，即

$$P_m = I_m U_m \qquad (1\text{-}1)$$

（4）填充因子（$FF$）：填充因子也叫曲线因子，指光伏电池的最大输出功率与开路电压和短路电流乘积的比值，即

$$FF = P_m / (I_{sc} U_{oc}) \qquad (1\text{-}2)$$

填充因子是评价光伏电池输出特性好坏的一个重要参数，它的值越高，表明光伏电池的输出特性越趋于矩形，电池的光电转换效率越高。串、并联电阻对填充因子有较大影响，光伏电池的串联电阻越小，并联电阻越大，填充因子的系数越大。填充因子的系数一般为 0.5～0.8，也可以用百分数表示。

（5）转换效率（$\eta$）：转换效率指光伏电池受光照时的最大输出功率与照射到电池上的太阳能量功率的比值，即

$$H = P_m / (A P_{in}) \qquad (1\text{-}3)$$

式中　$A$——电池片的面积；

　　　$P_{in}$——单位面积的入射光功率，其值为 $1kW/m^2$ 或 $100mW/cm^2$。

表 1-2 所示为某厂生产的 125mm×125mm 的单晶硅电池片的电气特性参数。

表 1-2　　**125mm×125mm 单晶硅电池片的电气特性参数**（##为生产厂家的代号）

| 型号 | 转换效率 $\eta$（%） | 峰值功率 $P_m$（Wp） | 峰值电压 $U_m$（V） | 峰值电流 $I_m$（A） | 开路电压 $U_{oc}$（V） | 短路电流 $I_{sc}$（A） |
|---|---|---|---|---|---|---|
| ##125-120 | 12.00 | 1.734 | 0.452 | 3.839 | 0.596 | 4.742 |
| … | … | … | … | … | … | … |
| ##125-150 | 15.00 | 2.231 | 0.488 | 4.581 | 0.607 | 5.072 |
| ##125-152 | 15.25 | 2.264 | 0.492 | 4.622 | 0.608 | 5.121 |
| ##125-155 | 15.50 | 2.305 | 0.496 | 4.648 | 0.610 | 5.141 |
| … | … | … | … | … | … | … |
| ##125-182 | 18.25 | 2.80 | 0.526 | 5.325 | 0.630 | 5.604 |

## 四、光伏组件和光伏阵列

单个光伏电池由于输出电压低、功率小，一般不能作为独立电源使用。只有将多个电池经串、并联而成为较大功率单元后，才能用于光伏发电系统中。图 1-9 所示分别为光伏电池片、光伏组件、光伏阵列。

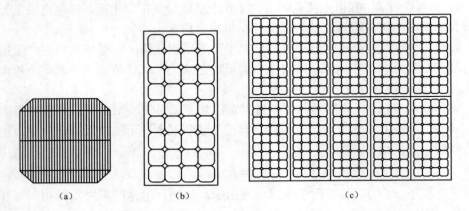

图 1-9　电池片、光伏电池组件和光伏阵列

（a）光伏电池片；（b）光伏组件；（c）光伏阵列

### （一）光伏电池组件（俗称光伏电池板或光伏板）

对单个晶硅光伏电池来说，开路电压的典型数值为 0.5～0.6V，输出电流大多小于 5A，单个电池片的输出功率只有 3～4W，远不能满足光伏发电实际应用的需要。因此，需要将光伏电池单元先进行串联获得高电压，再进行并联获得大电流。另外，因为晶体硅光伏电池本身比较脆，不能独立抵御外界的恶劣条件，所以需要外部封装，引出对外电极，成为可以独立提供直流电输出的光伏电池组合装置（即光伏电池组件）。

目前，在光伏发电系统中，一般由多个电池片串联成为光伏组件单元，串联电池片的常见数量为 36、54、60 片和 72 片等。

光伏组件是光伏发电系统中的最小实用单元，也是光伏发电系统的核心部分。

#### 1．光伏组件的构成

光伏组件的种类较多，根据光伏电池片的类型的不同，可分为晶体硅（单、多晶硅）光伏组件、非晶硅薄膜光伏组件及砷化镓光伏组件等；根据封装材料和工艺的不同，可分为环氧树脂封装光伏组件和层压封装光伏组件；根据用途的不同，可分为普通型光伏组件和建材型光伏组件。其中，建材型光伏组件又分为单面玻璃透光型光伏组件、双面夹胶玻璃光伏组件和双面中空玻璃光伏组件。在此用晶硅光伏电池片制作的钢化玻璃层压组件说明光伏组件的基本结构。

钢化玻璃层压组件也叫平板式光伏组件，是应用得最普遍的光伏组件。钢化玻璃层压组件主要由面板玻璃、光伏片、两层 EVA 胶膜、TPT 背板膜、铝合金边框和接线盒等组成，如图 1-10 所示。

（1）面板玻璃：采用低铁钢化绒面玻璃覆盖在光伏电池组件的正面，是组件的最外层，

既要透光率高，又要坚固耐用，起到长期保护电池片
的作用。

（2）EVA 胶膜：一种热固性的膜状热熔胶。两
层 EVA 胶膜夹在面板玻璃、光伏电池片和 TPT 背板
膜之间，通过熔融和凝固的工艺过程，将玻璃与太阳
能芯片及 TPT 背板膜凝接成一体。EVA 胶膜在电池
组件中不仅是起黏结密封的作用，还对光伏电池的质
量与寿命起着至关重要的作用。

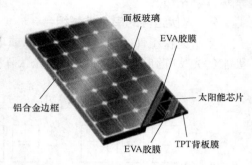

图 1-10　钢化玻璃层压组件结构

（3）TPT 背板膜：一种复合材料膜，具有良好
的耐气候性能，并能与 EVA 胶膜牢固结合。

（4）铝合金边框：镶嵌在光伏组件四周的铝合金边框既对组件起保护作用，又方便组件
的安装固定及光伏组件间的组合连接。

（5）接线盒：接线盒用黏结硅胶固定在背板上，作为电池组件引出线与外引线之间的连
接部件。接线盒内一般还安装有 1 只或 2 只旁路二极管。

### 2. 光伏组件电气特性

光伏组件的性能可通过观察光伏组件的伏安特性曲线来得到。对于由多个电池片串联而
成的光伏组件，串联电池的工作电流受限于其中电流最小的电池单元，串联电池的工作电压
为各电池的电压之和。因此，在光伏组件的生产过程中，应对电池进行测试、筛选、组合，
尽量把特性相近的电池组合在一起。

与电池片一样，光伏组件的性能参数主要有短路电流、开路电压、峰值电流、峰值电压、
峰值功率、填充因子和转换效率等。电池片组装成光伏组件以后，由于受到电池一致性、电
池片间隙、串联压降损失、封装材料透光性等多方面因素的影响，组件转换效率比电池片转
换效率降低 2%～4%。

### （二）光伏阵列

光伏阵列是为满足高电压、大功率的发电要求，由若干个光伏组件通过串、并联连接，
并通过一定的机械方式固定组合在一起而构成的直流发电单元。除光伏组件的串、并联组合
外，光伏阵列还需要防反充二极管、旁路二极管、电缆等对光伏组件进行电气连接，并需要
配备专用的、带避雷器的直流接线箱（汇流箱）及直流防雷配电箱等。

通常，光伏阵列固定在具有足够强度和刚度的支架上，有时，支架还附有太阳跟踪器、
温度控制器等部件。

### 1. 热斑效应

在光伏组件或光伏阵列中，当有物体（如树叶、鸟粪、污物等）对光伏组件的某一部
分发生遮挡，或光伏组件内部的某一电池片损坏时，局部被遮挡或损坏的电池片就要由未
被遮挡的电池提供负载所需要的功率，而被遮挡或损坏的电池片在组件中相当于一个反向
工作的二极管，其电阻和电压降都很大，不仅消耗功率，还产生高温发热，这种现象就叫
热斑效应。

由于整个组件的输出功率与被遮挡面积不是线性关系，所以即使一个组件中只有一片电
池片被覆盖，整个组件的输出功率也会大幅度降低。

在高电压、大电流的光伏阵列中，热斑效应能够造成电池片碎裂、焊带脱落，封装材料

烧坏，甚至引起火灾。

### 2. 光伏组件的串、并联组合

多个光伏组件须通过串联、并联或串、并联混合等方式连接成为满足电流、电压、功率要求的光伏阵列。图 1-11 所示为光伏阵列中光伏组件的几种连接形式。

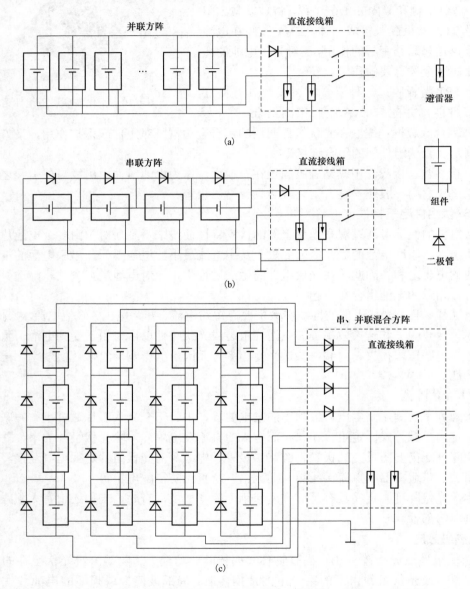

图 1-11　光伏阵列中光伏组件的几种连接形式

（a）连接形式（一）；（b）连接形式（二）；（c）连接形式（三）

在光伏阵列中，二极管是很重要的器件，根据其在太阳能光伏发电系统中所起到的作用，可以分为以下两类。

（1）旁路二极管。当有较多的光伏组件串联组成光伏阵列或光伏阵列的一个支路时，需要在每块光伏组件的正、负极输出端反向并联 1 个（或 2～3 个）二极管，这个并联在组件两端的二极管就叫作旁路二极管。

旁路二极管的作用是当阵列串中的某个组件或组件中的某一部分被阴影遮蔽或出现故障停止发电时，在该组件的旁路二极管两端会形成正向偏压使二极管导通，组件串的工作电流绕过故障组件，经二极管旁路流过，不影响其他正常组件的发电，同时也保护被旁路组件避免受到较高的正向偏压或由于"热斑效应"发热而损坏。

（2）防反充（防逆流）二极管。光伏阵列中，各并联支路的输出电压不可能绝对相等，各支路电压总有高低之差，或者某一支路因为故障、阴影遮蔽等使该支路的输出电压降低，高电压支路的电流就会流向低电压支路，甚至会使阵列的总体输出电压降低。防反充（防逆流）二极管接在光伏阵列中，用于防止阵列各支路之间的电流倒送。

### 3. 光伏阵列的转换效率

组成光伏阵列的所有光伏组件的性能参数不可能完全一致，所有连接电缆、插头、插座的接触电阻也会有差异，于是就会造成各串联电池组件的工作电流受限于其中电流最小的组件，而各并联电池组件的输出电压又会被其中电压最低的电池组件钳制。因此，阵列会产生组合连接损失，使光伏阵列的效率总是低于组件的效率。

# 第二节　光伏发电系统

光伏直流电源的输出需要通过逆变器将直流电逆变成为交流电，才能适应大多数用电负载的需要，因此逆变器在大多数光伏发电系统中不可或缺。逆变器的性能也成为并网光伏发电系统性能的决定性因素。

## 一、光伏发电系统的分类

光伏发电系统按照是否与电网连接可以分为离网（独立）光伏发电系统和并网光伏发电系统两大类。

离网（独立）光伏发电系统主要应用在远离电网又需要电力供应的地方，如偏远农村、山区、海岛、广告牌、通信设备等场合，或者作为需要移动携带的设备电源而用于不需要并网的场合，其主要目的是解决无电问题。它一般由光伏阵列（或组件）、控制器、储能装置、逆变器、交流负载或直流负载等组成，其结构如图 1-12 所示。由于光伏发电利用的是间歇式能源，容易受到天气和周围环境的影响，在光伏阵列没有能量输出时，需要储能单元提供负载用电。图 1-12 中，控制器具有光伏阵列最大功率点跟踪、充放电控制等功能。

常见的并网光伏发电系统，根据其系统功能可以分为两类：一种为不含蓄电池的不可调度式并网光伏发电系统，另一种是蓄电池组作为储能环节的可调度式并网光伏发电系统。

可调度式并网光伏发电系统设置有储能装置，通常采用铅酸蓄电池组，兼有不间断电源和有源滤波的功能，而且有益于电网调峰。但是，其储能环节通常存在寿命短、造价高、体积大而笨重、集成度低的缺点，因此这种形式应用较少。本书介绍的并网光伏发电系统如无特别说明，均为不可调度式并网光伏发电系统。

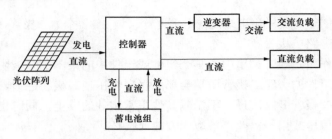

图 1-12 典型的离网光伏发电系统结构

并网光伏发电系统结构如图 1-13 所示，光伏阵列输出电能，通过并网型逆变器直接溃入公共电网。并网光伏发电系统可以省去储能蓄电设备（特殊场合除外）而将电网作为储能单元，一方面节省了蓄电池所占空间及系统投资与维护，使发电系统成本大大降低；另一方面，发电容量可以做得很大，并可保障用电设备电源的可靠性。并网光伏发电系统是太阳能光伏发电的发展方向。从图 1-13 可以看出，并网型逆变器是并

图 1-13 并网光伏发电系统结构

网光伏发电系统的核心部件。

## 二、逆变器

通常，将直流电能变换成为交流电能的过程称为逆变，完成逆变功能的电路称为逆变电路，实现逆变过程的装置称为逆变器。逆变器使转换后的交流电的电压、频率分别与电力系统交流电的电压、频率相一致，以满足为各种交流用电装置、设备供电及并网发电的需要。

### （一）逆变器的基本电路

逆变器的基本电路如图 1-14 所示，由输入电路、输出电路、主逆变开关电路（简称主逆变电路）、控制电路、辅助电路和保护电路等构成。

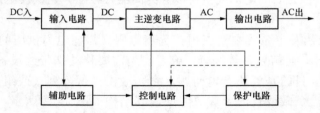

图 1-14 逆变器的基本电路

### 1. 输入电路

输入电路的主要作用就是为主逆变电路提供可确保其正常工作的直流工作电压。

### 2. 主逆变电路

主逆变电路是逆变器的核心，它的主要作用是通过半导体开关器件的导通和关断完成逆变的功能。

在逆变电路中，半导体功率器件起着关键的作用。逆变器多数采用功率场效应晶体管（VMOSFET）、绝缘栅双极晶体管（IGBT）、门极关断晶闸管（GTO）、MOS 控制晶体管（MGT）、

MOS 控制晶闸管（MCT）、静电感应晶体管（SIT）、静电感应晶闸管（SITH）及智能型功率模块（IPM）等多种先进且易于控制的大功率器件。

### 3. 输出电路

输出电路主要是对主逆变电路输出的交流电的波形、频率、电压、电流的幅值和相位等进行修正、补偿、调理，使之能满足使用需求。

### 4. 控制电路

控制电路的功能可归结为以下 3 个方面：

（1）为主逆变电路提供一系列的控制脉冲来控制逆变开关器件的导通与关断，配合主逆变电路完成逆变功能。

（2）跟踪电池板发电功率，实现最大功率点跟踪（maximum power point tracking，MPPT）控制，以充分发挥电池板的发电潜力。

（3）跟踪电网，保证输出电流和频率保持和电网同步。

随着电子技术的快速发展，控制逆变驱动电路也从模拟集成电路发展到单片机控制，甚至采用数字信号处理器（digital signal processor，DSP）控制，并使逆变器向着高频化、节能化、全控化、集成化和多功能化方向发展。

### 5. 辅助电路

辅助电路主要是将输入电压变换成适合控制电路工作的直流电压。辅助电路还包含多种检测电路。

### 6. 保护电路

保护电路主要功能包括输入过电压、欠电压保护，输出过电压、欠电压保护，过载保护，过电流和短路保护，过热保护等。

### （二）单相逆变器的主电路

逆变器的工作原理是通过功率半导体开关器件的导通和关断作用，把直流电能变换成交流电能。

图 1-15 所示为采用双级（DC-DC-AC）变换的全桥式单相逆变器的主电路，主要由升压电路、全桥逆变电路、LC 滤波电路组成，其中，全桥逆变电路采用了 4 只 IGBT 功率开关管。类似图 1-15 所示的无隔离变压器的逆变器是目前分布式并网光伏发电系统应用中的主流。

在该电路中，功率开关管 T1、T4 和 T2、T3 反相，T1、T4 和 T2、T3 轮流导通，使负载两端得到交流电能。

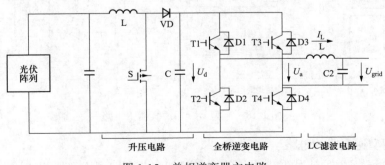

图 1-15　单相逆变器主电路

为便于读者理解，用图 1-16 所示等效电路对全桥逆变电路的原理进行介绍。图中，$E$ 为输入的直流电压，R 为逆变器的纯电阻性负载，开关 S1～S4 等效于图 1-15 中的 T1～T4。当开关 S1、S4 接通时，电流流过 S1、R、S4，负载 R 上的电压极性是上正下负；当开关 S1、S4 断开，S2、S3 接通时，电流流过 S2、R、S3，负载 R 上的电压极性相反。若两组开关 S1、S4 和 S2、S3 以某一频率交替切换工作时，负载 R 上便可得到这一频率的交变电压。

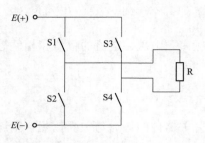

图 1-16　单相全桥逆变电路的等效电路

图 1-15 中，功率开关 T1、T2、T3、T4 的通断状态由驱动端输入决定，控制电路来的驱动信号一般采用正弦脉冲宽度调制（sinusoidal pulse width modulation，SPWM）信号，当 T1 和 T4、T2 和 T3 按照图 1-17 中实线所示的脉冲宽度调制方波信号动作时，图 1-15 中逆变电路的输出 $I_L$ 即为图 1-17 中虚线所示的正弦交流电流。

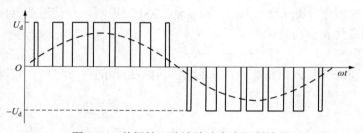

图 1-17　单极性正弦波脉冲宽度调制波形

### （三）三相逆变器的主电路

单相逆变器电路由于受到功率开关器件的容量、零线（中性线）电流、电网负载平衡要求和用电负载性质等的限制，容量一般都在 10kVA 以下，大容量的逆变电路大多采用三相形式。

某型号三相逆变器主电路如图 1-18 所示。逆变电路由 6 只功率开关器件构成，其等效电路如图 1-19 所示。功率开关器件 S1～S6 在控制电路输出 SPWM 信号的控制下导通或关断，其控制策略与单相逆变器的控制策略相似（参见图 1-17），只是三相控制信号互差 120°。

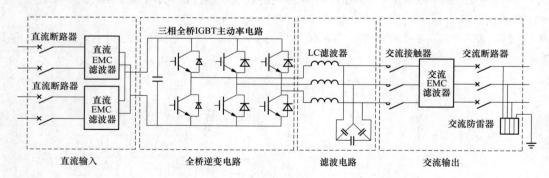

图 1-18　某型号三相逆变器主电路

### （四）并网型逆变器的电路

并网型逆变器是并网光伏发电系统的核心部件。与离网型逆变器相比，并网型逆变器不仅要将太阳能光伏发出的直流电转换为交流电，还要对交流电的电压、电流、频率、相位与同步等进行控制，也要解决对电网的电磁干扰、自我保护、单独运行、孤岛效应及最大功率跟踪等技术问题。

某型号三相并网型逆变器的电路如图 1-20 所示，分为主电路和微处理器电路两个部分。微处理器电路控制并驱动主电路中功率开关的动作，以进行 DC-AC 逆变过程，并完成系统并网的控制。系统并网控制的目的是使逆变器输出的交流电压值、波形、相位等维持在规定的范围内，因此微处理器控制电路要完成电网相位实时检测、电流相位反馈控制、光伏阵列最大功率点跟踪，以及实时 SPWM 信号发生等内容。图 1-20 中，

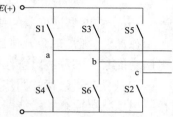

图 1-19　三相全桥逆变等效电路

虚线框内是逆变器控制策略的简要示意，其说明了并网电流控制和光伏阵列最大功率输出控制的实现过程。

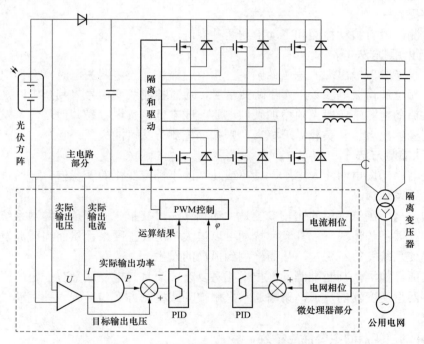

图 1-20　某型号三相并网型逆变器的电路

### 1. 并网电流相位控制

公共电网的电压和相位经过霍尔电压传感器送给微处理器的 A/D 转换器，微处理器将回馈电流的相位与公共电网的电压相位进行比较，其误差信号通过 PID 运算器运算、调节后送给脉冲宽度调制器（pulse width modulation，PWM），这就完成了功率因数为 1 的电能回馈过程。

### 2. 光伏阵列的最大功率输出控制（并网电流幅值控制）

光伏阵列的输出电压和电流分别由电压传感器、电流传感器检测，相乘后得到方阵的输出功率，然后调节 PWM 的输出占空比，实质上是调节回馈电压的大小，从而实现最大功率寻优。当 $U_{PV}$ 的幅值变化时，回馈电流与电网电压之间的相位角 $\varphi$ 也将有一定的变化。由于电流相位已实现了反馈控制，自然实现了相位与幅值的解耦控制。

注：光伏阵列的最大功率输出控制又常被称为最大功率点跟踪 MPPT。MPPT 是当前应用较广泛的光伏阵列功率点控制策略。它通过实时改变系统的工作状态，跟踪阵列的最大工作点，实现系统的最大功率输出。

### （五）并网型逆变器的孤岛检测与防孤岛技术

孤岛❶是孤岛现象、孤岛效应的简称，指电网失电压时，（分布式）电源仍保持对失电压电网中的某一部分线路继续供电的状态。

在有分布式光伏并网接入的电网中，当电网因人为或故障停止供电后，光伏电源若未能检测出该状况而继续给线路上的负荷供电，这时就形成了一个自给供电的孤岛。电力公司无法掌控的供电孤岛将会危及供电线路维护人员和用户的安全，或者给配电系统及一些负载设备造成损害。从用电安全与电能质量的角度考虑，孤岛是不允许出现的。

在逆变器中，检测出光伏系统处于孤岛运行状态的功能称为孤岛检测；检测出孤岛运行状态，并使光伏发电系统停止运行或与电网自动分离的功能就叫作防孤岛保护。孤岛检测是防孤岛的前提。

孤岛检测一般有被动检测和主动检测两种方法。

#### 1．被动检测方法

实时监视逆变器输出端的电压、频率、相位、谐波，当电网失电时，会在电网电压的幅值、频率、相位和谐波等参数上产生跳变信号，通过检测跳变信号来判断电网是否失电。

被动式孤岛检测法一般无须增加硬件电路，成本低，实现容易。但是，若发电系统孤岛运行时，电源输出容量和负载需求相当，则被动检测方法可能失效。

#### 2．主动检测方法

由逆变器主动向电网注入电压、频率或功率的小幅度变化的干扰信号，通过检测反馈信号来检测是否发生孤岛。

主动式孤岛检测法中用的比较多的是主动频移法，其基本原理是在并网系统输出中加入频率扰动，在并网的情况下，其频率扰动可以被大电网校正回来，然而在孤岛发生时，该频率扰动可以使系统变得不稳定，从而检测到孤岛的发生。

主动式孤岛检测法判断准确，但技术相对复杂，而且对电能质量有一定的影响。

目前并网型逆变器的反孤岛策略通常采用被动式检测方案与至少一种主动式检测方案相结合的方法。

### （六）并网逆变器的主要性能参数

#### 1．并网逆变器的性能参数

对并网型逆变器来说，与其性能有关的主要技术参数有很多，可参考表 1-3 加以理解。

表 1-3　　　　　　　　某型号无变压器隔离组串型并网型逆变器的主要技术参数

| 项目 | 产品参数 | 数值 | 参 数 解 读 |
|---|---|---|---|
| 直流侧参数 | 最大直流电压 | 1000V dc | 逆变器的最大直流输入电压应大于接入的组串的最大电压（还需考虑温度系数） |
| | 启动电压 | 250V | 启动电压指逆变器的最低启动电压，当超过 250V 这个阈值时，逆变器开始启动；低于该值，逆变器关闭 |

❶　定义来自 Q/GDW 480—2010《分布式电源接入电网技术规定》。

| 项目 | 产品参数 | 数值 | 参　数　解　读 |
|---|---|---|---|
| 直流侧参数 | 满载 MPPT 电压范围 | 330～800V | 更宽的 MPPT 电压范围能够实现更大的发电量 |
| | 最低电压 | 250V | |
| | 最大直流功率 | 12.5kWp | 逆变器允许的最大直流接入组串功率 |
| | 最大输入电流 | 40A（每路 20A） | 要保证每路 MPPT 接入的组串电流小于逆变器最大直流电流 |
| | 推荐光伏阵列开路电压 | 700V | 在此状态下，逆变器的转化效率最高 |
| | 最大功率跟踪器的路数/每路可接入组串数 | 2/3 | 参见组串型逆变器的说明书 |
| 交流侧参数 | 额定输出功率 | 12kW | 当输出功率因数为 1（即纯电阻性负载）时，逆变器额定输出电压和额定输出电流的乘积 |
| | 最大交流输出电流 | 20A | 主要由功率半导体开关性能所决定的参数。可以根据最大交流输出电流选择线缆的截面积、配电设备的参数规格 |
| | 额定电网电压 | 400V ac | 光伏逆变器在规定的输入直流电压允许的波动范围内，应能输出额定的电压值 |
| | 允许电网电压 | 310～480V | |
| | 额定电网频率 | 50Hz/60Hz | |
| | 允许电网频率 | 47～52Hz/57～62Hz | |
| | 总电流波形畸变率 | <3%（额定功率） | 逆变器以额定功率运行时，注入电网的电流谐波总畸变率限值为 5%，逆变器注入电网的各次谐波电流限值可参见 CGC/GF004：2011《并网光伏发电专用逆变器技术条件》 |
| | 直流电流分量 | <0.5%（额定输出电流） | 逆变器以额定功率并网运行时，向电网馈送的直流电流分量应不超过其输出电流额定值的 0.5%或者 5mA，取二者较大值 |
| | 功率因数 | 0.9（超前）～0.9（滞后） | 当逆变器输出有功功率大于其额定功率的 50%时，功率因数应不小于 0.98（超前或滞后）。该产品的无功功率可调 |
| 系统 | 最大效率 | 98.0% | 在特定的工作条件下（通常对应某一直流功率点），输出功率与输入功率之比的最大值 |
| | 欧洲效率 | 97.2% | 在不同的直流输入功率点得出不同的交流输出功率点，以所获的多个效率值加权计算获得的总体效率。该值更有参考意义 |
| | 防护等级 | IP65（室外） | 6、5 分别代表防尘、防水级别 |
| | 夜间自耗电 | 0 | |
| | 冷却方式 | 风冷 | 该型逆变器采用风扇冷却方式 |
| | 允许环境温度 | −25～60℃ | 当工作环境和工作温度超出左边所示范围时，可能导致逆变器散热、绝缘条件等变差，需考虑降低容量使用或重新设计定制 |
| | 允许相对湿度 | 0～95%，无冷凝 | |
| | 允许最高海拔 | 2000m | |
| | 显示与通信 | | |
| | 显示 | LCD | |

续表

| 项目 | 产品参数 | 数值 | 参 数 解 读 |
|---|---|---|---|
| 系统 | 标准通信方式 | RS-485 | |
| | 可选通信方式 | 以太网 | |
| | 机械参数 | （略） | |

#### 2. 并网型逆变器的保护功能●

作为光伏发电系统重要组成部分的逆变器应具有以下保护功能：输入过电压、欠电压保护，输入过载保护，短路保护，过热保护；并网保护（输出过电压保护，输出过电流保护，过频、欠频保护，以及防孤岛保护）。并网型逆变器保护功能说明见表1-4，其中对于光伏并网最重要的一个仍是防孤岛保护，是当今国内外的研究热点。

表1-4　　　　　　　　　　并网型逆变器保护功能说明

| | | |
|---|---|---|
| 基本保护 | 直流输入过电压保护 | 当直流侧输入电压高于允许的接入电压最大值时，逆变器不得启动或在0.1s内停机，同时发出警示信号。直流侧电压恢复到逆变器允许工作范围后，逆变器应能正常启动 |
| | 直流输入过载保护 | 若逆变器输入端不具备限功率的功能，则当逆变器输入功率超过额定功率的1.1倍时，需跳保护；当光伏阵列输出的功率超过逆变器允许的最大直流输入功率时，逆变器应自动限流工作在允许的最大交流输出功率处 |
| | 极性反接保护 | 输入直流极性接反时，逆变器能停止输出 |
| | 反放电保护 | 当逆变器直流侧电压低于允许工作范围或逆变器处于关机状态时，逆变器直流侧应无反向电流流过 |
| | 过热保护 | 当功率模块温度超过限定值时，逆变器应自动关机 |
| 并网保护 | 交流输出过电压、欠电压保护 | 当电网电压超出允许电压范围时，逆变器应立刻脱离电网，并发出警示信号。电网电压恢复到允许范围时，逆变器应能启动运行 |
| | 交流输出过频、欠频保护 | 当电网频率超出允许范围，逆变器切出电网，电网频率恢复到允许运行的电网频率时，逆变器应重新启动运行 |
| | 交流缺相保护 | 逆变器交流输出缺相时，逆变器自动保护，并停止工作。正确连接后，逆变器应能正常运行 |
| | 短路保护 | 逆变器开机或运行中，检测到输出侧发生短路时，逆变器应能自动保护 |
| | 防孤岛保护 | 逆变器并入10kV及以下电压等级的配电网时，应具有防孤岛保护功能。若逆变器并入的电网供电中断，逆变器应在2s内停止向电网供电，同时发出警示信号 |
| | 低电压穿越 | 并入35kV及以上电压等级电网的逆变器必须具备电网支撑能力，避免电网电压异常时脱离，而引起电网电源的波动 |
| | 操作过电压 | 在逆变器与电网断开时，为防止损害与逆变器连接到同一电路的电力设备，其瞬态电压不得超过规定限值 |

### 三、并网光伏发电系统的电路隔离方式

并网光伏发电系统中，根据光伏阵列的直流电路和电网的交流电路是否隔离，系统可分为非隔离型和隔离型。隔离型系统又可分为工频变压器隔离型和高频变压器隔离型。

---

● 来自 NB/T 32004—2013《光伏发电并网逆变器技术规范》。

由于电路隔离方式的不同，并网光伏发电系统出现了直接逆变系统、工频隔离系统、高频隔离系统、高频升压不隔离系统等几种形式。

近年来，随着电力电子技术的发展，高频升压不隔离系统逐渐成为市场的主流。

**（一）直接逆变系统**

直接逆变系统结构如图 1-21 所示，其光伏电源通过一级 DC-AC 转换直接接入电网。

**1. 系统优点**

高效率（＞97%）、体积小、质量小、成本低。

**2. 系统缺点**

（1）光伏组件与电网没有电气隔离，存在直流电流注入问题，光伏组件两极有电网电压，对人身安全不利。

（2）光伏阵列的输出电压必须高于交流电网电压峰值，这对于光伏组件乃至整个系统的绝缘有较高要求，容易出现漏电现象。

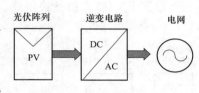

图 1-21　直接逆变系统结构

**（二）工频隔离系统**

早期的并网光伏发电系统输出端一般安装有工频隔离变压器，以实现电压调整和电气隔离。现在它的应用已经越来越少。

工频隔离系统结构如图 1-22 所示。

变压器的应用避免了直流电流注入电网的问题，也有利于降低谐波对电网的影响。

**1. 系统优点**

结构简单、可靠性高、抗冲击性能好、安全性能良好。

**2. 系统缺点**

（1）变压器损耗导致系统效率相对较低。

（2）变压器体积大、笨重。

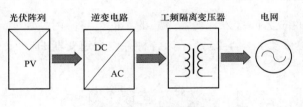

图 1-22　工频隔离系统结构

**（三）高频隔离系统**

高频隔离系统采用了体积小、质量小的高频变压器来实现电路隔离，高频隔离系统结构如图 1-23 所示。其主电路是一个多级 DC-AC-DC-AC 变换电路，低电压直流电经过高频逆变后变成了高频高压交流电，又经过高频整流滤波电路后得到高压直流电，再通过工频逆变电路实现逆变得到 220V 或 380V 的交流电。这种系统在 20 世纪 90 年代应用较多。

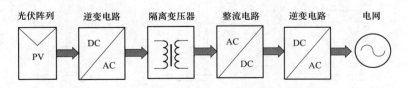

图 1-23　高频隔离系统结构

**1. 系统优点**

同时具有电气隔离和质量小的优点。

### 2. 系统缺点

（1）功率等级一般较小，系统效率偏低，在93%左右。

（2）高频 DC/AC/DC 变换器的工作频率较高，一般为几十千赫兹，或更高，系统的 EMC（电磁兼容性滤波）设计和实现比较难。

（3）系统的抗冲击性能差。

### （四）高频升压不隔离系统

高频升压不隔离系统结构如图 1-24 所示。该系统的主电路包括升压部分和逆变部分，是一个 DC-DC-AC 二级变换电路。当天气因素引起光伏阵列直流输出电压变化时，由 BOOST 升压电路保证逆变器输入电压的稳定。

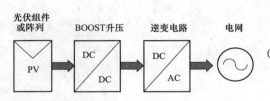

图 1-24　高频升压不隔离系统结构

### 1. 系统优点

（1）逆变器体积小、质量小、成本低、效率高（>97%）。

（2）直流输入电压范围可以很宽。

### 2. 系统缺点

（1）光伏电池板与电网没有电气隔离，电池板两极有电网电压。

（2）使用了高频 DC/DC BOOST 升压电路，EMC 设计和实现难度加大。

## 四、并网光伏发电系统中逆变器的接入方式

并网光伏发电系统中，根据光伏电池组件或方阵接入逆变器方式的不同，将并网型逆变器大致分为集中式、组串型和微型（组件式）3 类。图 1-25 所示为各种并网型逆变器的接入方式。

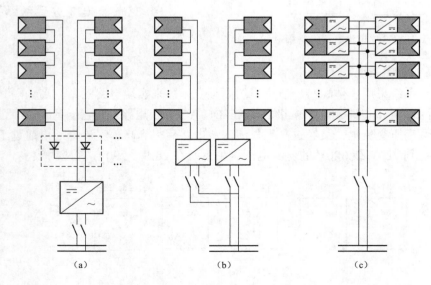

图 1-25　各种并网型逆变器的接入方式

（a）集中式并网逆变器的接入方式；（b）组串型并网逆变器的接入方式；

（c）微型并网逆变器的接入方式

**（一）集中式逆变器**

集中式并网逆变器是把多路电池组串构成的方阵集中接入到一台大型的逆变器中。一般是先把若干个电池组件串联在一起构成一个组串，然后再把所有组串通过直流接线（汇流）箱汇流，并通过直流接线（汇流）箱集中输出一路或几路后输入到集中式并网逆变器中，如图 1-25（a）所示。当一次汇流达不到逆变器的输入特性和输入路数的要求时，还要进行二次汇流。这类并网型逆变器的容量一般为 100~1000kW。

**（二）组串型逆变器**

组串型并网逆变器是基于模块化的概念，即把光伏阵列中每个光伏组串输入到一台指定的逆变器中，多个光伏组串和逆变器又模块化地组合在一起，所有逆变器在交流输出端并联并网，如图 1-25（b）所示。这类并网型逆变器的容量一般为 1~50kW。

图 1-25（b）所示为一个光伏组串连接一个逆变器的应用形式，有时，系统在单串能量不能使单个逆变器工作的情况下，将几组光伏组串（一般小于 4 串）经防反二极管后，再并联接入组串型逆变器。

**（三）微型逆变器**

微型并网逆变器也叫组件式并网逆变器或模块式并网逆变器。微型并网逆变器的接入方式如图 1-25（c）所示。微型并网逆变器可以直接固定在组件背后，每一块电池组件都对应匹配一个具有独立的 DC-AC 逆变功能和 MPPT 功能的微型并网逆变器。微型并网逆变器的容量一般不大于 500W。

集中型、组串型、微型逆变器的特性比较见表 1-5。

表 1-5　　　　　　　　　集中型、组串型、微型逆变器的特性比较

| 序号 | 项目 | 微型逆变器 | 组串型逆变器 | 集中型逆变器 |
|---|---|---|---|---|
| 1 | 容量 | 一般小于 500W | 一般为 1~50kW | 100~500kW |
| 2 | 最大转换效率 | 小于 95% | 97%~98% | 98.5% |
| 3 | MPPT | 组件 MPPT，发电量最大化 | 组串 MPPT，易保证系统整体发电效率 | 集中 MPPT，部分组串工作不良将导致系统效率降低 |
| 4 | 可靠性 | 分布式架构，单点故障不影响整体系统运行，可靠性高 | 有一定冗余运行能力，单点故障只使系统容量减小 | 无冗余能力，单点故障可致系统瘫痪 |
| 5 | 逆变器直流线缆 | 几乎不用直流线缆，交流汇流复杂 | 分散就近并网，使用直流线缆减少，可以不用直流柜 | 需要较多直流线缆，线缆成本高，线缆电能损耗大 |
| 6 | 安装使用 | 体积小，安装简单，更换方便 | 体积较小，安装简单，更换方便 | 体积大，需专门配电室，专业的安装、维护，更换困难 |
| 7 | 投资（按每瓦成本） | 高 | 中 | 低 |
| 8 | 技术成熟性 | 不够成熟 | 应用多，技术成熟 | 应用多，技术成熟 |
| 9 | 应用场合 | 多用于建筑集成光伏发电系统 | 分布式光伏系统中应用最多 | 日照均匀的大中型光伏电站 |
| 10 | 启动功率 | 启动功率小，可提高发电量 | 启动功率小，可提高发电量 | 启动时，总输入功率需大于 5% |
| 11 | 系统管理 | 逆变器安装于组件，逆变器数量多，系统管理较复杂 | 逆变器分散分布，为了方便管理，对信息通信的要求较高 | 集中并网，便于管理 |

23

## 第三节　光伏发电系统的并网影响

越来越多的分布式光伏电源接入配电网系统，对传统的配电网管理提出了新的挑战。光伏发电系统的接入不仅改变了配电网的单端电源供电模式，还将对配电网的安全、稳定运行带来较大影响。由于光伏发电受天气和光照强度的影响，光伏电源的输出功率具有间歇性、波动性的特点，对配电网的负荷预测、规划设计、供电可靠性、电能质量及运行检修等都带来较大影响。

### 一、分布式光伏并网对负荷特性及负荷预测的影响

光伏电源一般通过配电网母线或者馈线接入配电网，光伏电源接入后，配电网的负荷分布和潮流方向将发生变化。光伏电源发电功率随太阳辐照度和温度变化，大量光伏电源的接入会改变配电网的负荷曲线特征和最大负荷点，年负荷、日负荷等都会随之改变。

以某光伏园区为例进行分析，通过查阅光伏输出功率的相关材料及光伏发电输出功率调研得知，光伏最大输出功率一般为装机容量的70%～80%，故选择光伏装机容量的80%为光伏发电的最大输出功率。2018年，光伏装机约61MW，2019年光伏装机累计80～100MW，根据园区光伏装机规划，预计2020年光伏装机将累计160～200MW。发电最大输出功率：2018年为48.8MW，2019年为80MW，2020年将达到160MW。

根据园区2020年及2018年负荷预测结果，得出园区的工业负荷占园区总负荷的65%左右，居住与商业负荷占比为24%左右，所以园区基础负荷约为最大负荷的55%～65%，本次选择60%为基础负荷。故得出2018年及2020年光伏接入前后园区夏季典型日负荷曲线的变化情况，预测曲线如图1-26～图1-31所示。

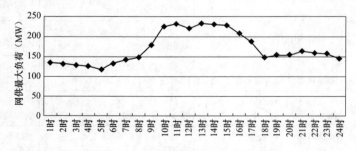

图1-26　2020年典型日负荷预测曲线

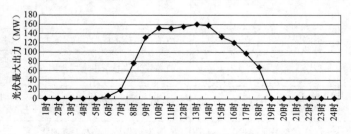

图1-27　2020年分布式光伏输出功率预测曲线

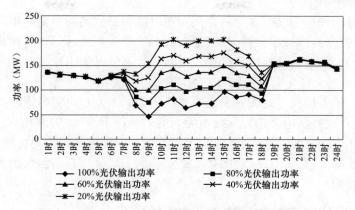

图 1-28　2020 年拟合后典型日负荷预测曲线示意图

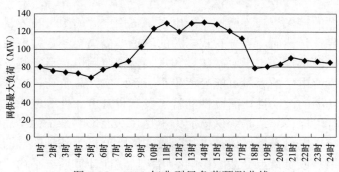

图 1-29　2018 年典型日负荷预测曲线

图 1-30　2018 年分布式光伏输出功率预测曲线

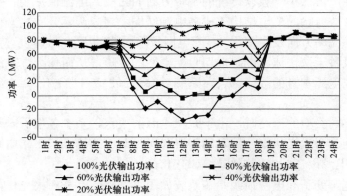

图 1-31　2018 年拟合后典型日负荷预测曲线

光伏发电高峰一般在 10:00～15:00 之间，可以减轻日间高峰负荷时电网的供电压力，具有平滑负荷曲线的作用。通过对园区接入分布式光伏电源前后的日负荷曲线的对比、分析可知，装有分布式光伏的电网，高峰负荷得到消减，且高峰时间由原来的 11:00～13:00 推迟到 21:00，可见分布式光伏具有明显的移峰、削峰的作用。

另一方面，由于光伏发电受天气和光照强度的影响，光伏电源的输出功率具有间歇性、波动性的特点，分布式光伏电源的并网使电力系统的负荷预测与过去相比有更大的不确定性，由于大量的分布式电源安装在用户侧附近，用户可以根据需求选择分布式电源为其提供电能，配电网的负荷增长部分被分布式电源的接入抵消，增加了区域负荷的预测难度，对区域电网规划产生了不利影响。

## 二、分布式光伏并网对电网可靠性的影响

分布式光伏电源的接入相当于增加了配电系统备用电源的数量与容量，因此能够提高系统的供电能力和可靠性。然而，当分布式电源的渗透率提高至一定程度后，白天系统的部分负荷必将由分布式电源承担，由于电网建设和规划是按照用电负荷来测算的，所以一段时间后，配电网上级降压变电站的容量可能会逐步小于系统实际总负荷，在这种情况下，由于分布式光伏电源输出功率的波动性、间歇性的特点及其自身可靠性等原因，分布式电源的输出功率不足或退出运行可能会导致系统供电能力不足，从而影响系统的可靠性。

传统的配电系统供电可靠性评估是以故障模式影响分析为基础的，即以元件故障为出发点分析系统内各个用户或负荷点受故障影响的情况，进而计算系统平均停电持续时间和系统平均停电频率等与用户相关的可靠性指标。目前，含分布式电源的配电系统可靠性评估方法大多也沿袭这一思路，不同之处在于考虑了故障后系统的孤岛运行。但是，在分布式电源高渗透率的情况下，由于上级电源的容量不再充足，即使系统内所有元件都处于正常状态，分布式电源的输出功率不足仍可能导致系统功率不足。因此，仅考虑故障状态，无法计及缺电风险对系统可靠性的影响，系统缺电风险的评估实际上属于发电系统可靠性评估的范畴。因此，在分布式电源高渗透率的情况下，配电网可靠性评估应同时考虑发电和配电双重属性。

## 三、分布式光伏并网对继电保护的影响

目前，我国配电网一般采用单侧电源辐射型网络进行供电，其功率、电流等方向都不发生变化，所以馈线电流保护一般以传统的不带方向的三段式电流保护装置为主。当分布式电源接入配电网后，放射状的配电结构变成多电源结构，高渗透率分布式光伏电源使得配电网的网络结构和功率流动方向发生变化，对配电网故障电流的大小、方向及持续时间都有影响，常规的继电保护设备无法快速、准确地切除配电网的故障，从而使配电系统及其设备遭到破坏。同时，分布式电源本身的故障也会对系统运行和保护产生影响，要求继电保护护设备具有方向性。

当系统发生不同类型的短路时，由于光伏电源的接入，系统各保护安装处流过的电流值将发生变化，根据分布式光伏电源接入的位置和保护动作的特点，对配电网的保护影响。

### （一）分布式电源接在配电网馈线始端的情况

分布式光伏电源处于配电网馈线始端系统如图 1-32 所示，分布式光伏电源接在馈线始端的母线上时，仅等同于增大了系统侧的容量，因此当 K1、K2、K3 发生故障时，分布式光伏

电源会提供注增电流。根据分布式光伏电源容量大小来考虑其对各个保护的影响。

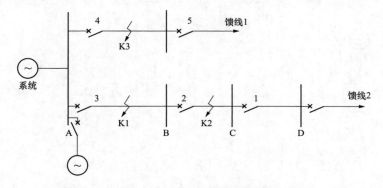

图 1-32　分布式光伏电源处于配电网馈线始端系统

**（二）分布式光伏电源接在配电网馈线中端某母线上的情况**

分布式光伏电源处于配电网馈线中端系统如图 1-33 所示。

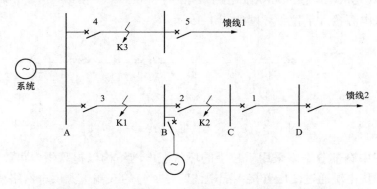

图 1-33　分布式光伏电源处于配电网馈线中端系统

（1）当 K1 处发生故障，系统提供的短路电流由保护 3 动作切除，而 AB 段馈线末端没有保护，分布式光伏电源会向故障点提供反向短路电流，并且向下游负荷供电形成孤岛运行。

（2）当 K2 处发生故障时，分布式光伏电源会对通过下游保护的短路电流起到助增作用，使得保护 2 的电流速断保护的保护范围延长，灵敏度下降。如果保护范围延伸到 CD 段馈线上，有可能使保护 1 失去配合，影响保护的选择性。同时，分布式光伏电源还会对通过上游保护的短路电流起到分流作用，流过保护 3 的短路电流会减小，保护范围缩短，有可能使保护 3 拒动。

（3）当 K3 处发生故障时，分布式光伏电源会向系统母线提供反向短路电流，若保护 3 没有方向元件，将有可能会误动。同时，分布式光伏电源还会增加保护 4 流过的短路电流，影响其保护范围和灵敏度。

**（三）分布式光伏电源接在配电网馈线末端的情况**

分布式光伏电源处于配电网馈线末端系统如图 1-34 所示。

（1）当 K1 或者 K2 发生短路故障时，分布式光伏电源会向上游保护提供反向的短路电流，若保护没有方向元件，则可能会引起这 3 个保护的误动，影响保护的灵敏度，失去选择性。

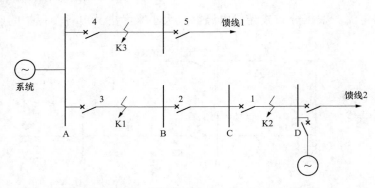

图 1-34　分布式光伏电源处于配电网馈线末端系统

（2）当 K3 处发生短路故障时，分布式光伏电源除了在本线路提供的反向电流外，还会增加相邻线路的短路电流。保护 1、2、3 有可能会误动，失去选择性。保护 4 流过的故障电流会增大，有可能会使保护范围延长，与保护 5 失去配合，无法保证选择性。

**（四）分布式光伏电源接入环状配电网**

分布式光伏电源接入手拉手环网如图 1-35 所示。

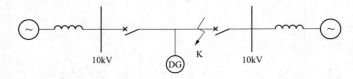

图 1-35　分布式光伏电源接入手拉手环网

城市配电网中有部分网络采用手拉手的环状配电网结构以提高供电可靠性。如图 1-35 所示，分布式光伏电源通过变压器接入配电线路，原有的双端电源供电网络变为多端供电供电网络，保护配合和协调变得更加复杂。若 K 处发生故障，右侧保护受系统提供短路电流的影响，保护能够正常动作，左侧保护受到分布式光伏电源对短路电流的分流影响，使保护检测到的故障电流值要小于故障点的实际值，保护可能会拒动。若分布式光伏电源没有孤岛保护，会持续对短路点输送电流，有可能使分布式光伏电源系统损坏。

## 四、分布式光伏并网对电能质量的影响

配电网处于电力系统末端，其电压质量的好坏将直接影响到用户的正常工作和生活。光伏电源对配电网电能质量的影响主要为以下两方面。

**（一）对电压的影响**

**1. 对系统稳态电压的影响**

传统配电网大多以辐射状集中供电，在正常安全运行条件下，电压沿线路的功率流动方向逐渐下降。当配电网中有光伏电源接入时，一般会减少线路上的传输功率量，同时光伏电源增大了无功功率输出量，沿线路上的各个负荷节点处的电压得到抬升。一方面，如果接入点容量适当，有利于提高系统末端的电压水平，并降低网损；另一方面，如果接入点的光伏容量过大，会导致一些点的电压值超标。接入点位置及总容量大小是电网电压的直接影响因素。若大量光伏电源接入配电网终端或馈线末端，由于存在潮流反馈，电流通过馈线阻抗产

生的压降将使负荷电压比变电站侧高，可能使负荷侧电压越限。另外，光伏发电系统输出电流的变化也会引起电压波动，而同一区域的光伏发电功率受光照变化的影响具有一致性，这将进一步加剧电压的波动，可能引起电压/无功调节装置的频繁动作。当分布式光伏电源的输出功率小于馈线总负荷时，可对馈线电压起到支撑作用，改善馈线的电压质量；当分布式光伏电源的输出功率大于馈线总负荷，功率倒送时，可能会造成线路电压过高，电压偏差不满足国家标准的要求。

分布式光伏电源的接入位置和接入方式不同，对线路电压的影响也不同。分布式光伏电源从馈线末端接入有可能帮助改善电压水平。集中接入在末端需要对接入的容量进行严格的限制，防止末端电压超过上限，尤其对于长线路。若集中接入首端，可以适当放宽接入容量的限制。分散接入时，电压偏差曲线比集中接入更平稳，分散接入的方式可使得功率更加均衡的分配。原因是分散接入时，负荷可就地消耗光伏功率，减少其在线路中的流动，从而减少线路压降。线路越长，集中与分散的接入形成的电压偏差曲线差距就越明显，电缆线路由于线路阻抗较小，差距也相对较小。避免集中式接入方式功率较为集中导致靠近接入点处的电压抬升过大，换句话说，分散接入可就地供给负荷，避免了线路功率的总体流动量，降低了线损电量。所以，分散式接入的方式较集中式接入更为安全、经济。

**2．对系统电压波动的影响**

分布式电源具有间歇性出力的特点，会给电网带来很大的波动，从而造成潮流状态量的相应波动，引起电压偏移、电压波动和电压闪变等电压质量问题；实时变化着的有功负荷及无功负荷会导致系统电压无法始终维持在某一水平上。而由于光伏电源的输出功率受外界因素的影响很大，输出具有随机、不稳定的特点，因此，很难与当地负荷协调运行。当系统负荷波动，而光伏输出反向变化时，可能会使系统电压更加的起伏不定，甚至可能造成系统电压闪变。

此外，分布式光伏电源大量接入时，若负荷分配不均匀，容易引起电网三相电压不平衡。

**（二）谐波污染**

分布式光伏电源供出的直流电须经由逆变器逆变成交流电，方能并入系统。接入电网的逆变器含有大量的电力电子元器件，与常规调控方式相比，逆变器的多次开通和关断会产生大量谐波分量，进而造成电网的谐波污染。

随着电力电子技术的不断发展，新的控制方法也逐步成熟，特别是基于 PWM 逆变技术的控制方法的应用，逆变器的输出特性已经大为改观，输出电能已基本能够满足电能质量的要求。此外，分布式光伏引起的非计划性孤岛对电网负载或人身安全造成危害，电力孤岛区域的供电电压和频率出现不稳定，电网恢复供电时会引起较大的电流冲击。

# 五、分布式光伏并网对配电网检修的影响

对于分布式光伏发电项目的发展，国家扶持政策的初衷是鼓励各类用户按照"自发自用，余量上网，电网调节"的方式建设分布式光伏发电系统，所以造成了分布式光伏电源接入电网存在点多、分散等特点，尤其是各类电压等级的配电线路的首端、中端、末端均有分布式光伏电源接入，从而导致原来的无源电网向有源电网发展，对于电网企业安全管理提出了更高的要求。配电网检修期间如果不把分布式光伏发电作为安全风险点纳入计划检修管理，在出现逆变器故障和停电后孤岛时，将直接对检修人员的人身安全产生威胁。在电网停电时，

逆变器和并网开关如果出现故障，检修期间，光伏发电系统会出现向配电线路倒送电的情况；在极端情况下，线路停电后，如用电负荷和发电输出功率相对平衡，会出现用户内部用电范围、配电台区范围、单条 10kV 线路供区范围产生孤岛的情况，所以，原来的配电网检修工作流程和管理要求与含有光伏发电的配电网相比有着很大的区别。

含分布式光伏发电系统的配电网的检修工作流程与现有配电网检修流程的根本区别在于新增的光伏发电设备、接入点的电气设备、负荷转移方案，以及停电检修时分布式光伏的有源性所造成的安全危险等方面。现在急需将光伏并网设备、接入点位置、安全提醒标志纳入运检专业管理范畴。运检部门加强分布式光伏发电的管理应从以下几方面来考虑：建立分布式光伏发电项目基础台账，PM2.0 系统中标注光伏发电项目标志，配电网接线图应标注光伏电源的项目，工作票开票系统应将光伏电源作为安全风险点，现场安全措施应考虑光伏电源的接入，现场作业安全交底应包含光伏发电可能来电的方向。此外，要合理安排停电检修的负荷转移方案，并兼顾用户设备的供电可靠性。

# 第二章

# 分布式光伏电源并网接入技术

分布式光伏电源并网应符合国家和电力行业规定的相关技术要求，并网技术涉及并网接入原则与要求、继电保护与安全自动装置设置、电能质量及功率控制、电能计量及通信信息设置、安全技术及安全标志管理等内容。

## 第一节　并网接入原则与要求

分布式光伏发电系统接入电网应结合当地电网规划、分布式电源规划，遵循就近分散接入，就地平衡消纳的原则。并网接入原则与要求涵盖了电压等级的确定、并网点的选择、接入方式的选择、并网容量的管理、电气主接线的选择、主要电气设备的选型与参数等内容。

### 一、一般要求

分布式光伏发电系统接入电网应确保电网和发电系统的安全、稳定运行，充分考虑发电电量就地消纳能力和接入引起的公共电网潮流变化，通过新增和改造相关设备和保护措施减少对公共电网和用户用电的影响，根据并网发电容量、电量消纳模式、接入方式的选择等因素，依据潮流、短路等电气计算合理确定接入的电压等级、接入点位置、保护方式、电气主接线、电气设备选型等内容。同时，需确保接入后用户侧的电能质量和功率因数等满足标准要求。发电并网采用的电气设备必须符合国家或行业的制造（生产）标准，其性能应满足电气安全运行和电网安全运行的技术要求。

### 二、电压等级的确定

分布式光伏接入电网的电压等级应按照安全性、灵活性、经济性的原则，根据分布式电源的容量、发电特性、导线载流量、上级变压器及线路的可接纳能力、用户所在地区的配电网情况，经过综合比选后确定。

分布式光伏接入电网的电压等级可根据装机容量进行初步选择，参考标准如下：8kW 及以下可接入 220V，8～400kW 可接入 380V，400～6000kW 可接入 10kV，5000～30000kW 以上可接入 35kV。

最终，并网电压等级应根据电网条件，通过技术经济比选论证确定。若高、低两级电压均具备接入条件，优先采用低电压等级接入。

### 三、并网点[1]的选择

分布式电源并网点的选择应根据其电压等级及周边电网情况确定，确定原则为电源并入

---

[1]　有升压站的分布式光伏并网点指升压站高压侧母线或节点。无升压站的分布式光伏并网点指分布式电源的输出汇总点。

电网后能有效输送电力，并且能确保电网的安全、稳定运行。

（1）全部上网模式并网点的选择。

1）10kV升压站的分布式光伏并网点应选择：10kV升压站10kV进线间隔。

2）380V分布式光伏并网点应选择：380V并网配电箱（柜），380V并网计量箱（柜），光伏多路输出的发电电源应汇流后单点接入并网点。

3）220V分布式光伏并网点应选择：220V并网配电箱（柜），220V并网计量箱（柜），光伏多路输出的发电电源应汇流后单点接入并网点。

（2）自发自用（含自发自用、余电上网）模式并网点的选择。

1）接入35kV用户降压站的分布式光伏并网点应选择：35kV降压站35kV母线并网间隔，35kV降压站10kV母线并网间隔，用户10kV开关站并网间隔，低压配电室400V并网间隔。

2）接入10kV用户降压站的分布式光伏并网点应选择：10kV降压站10kV母线并网间隔，用户10kV开关站并网间隔，低压配电室400V并网间隔。

3）380V分布式光伏并网点应选择：380V并网配电箱（柜），380V并网计量箱（柜）。

4）220V分布式光伏并网点应选择：220V并网配电箱（柜），220V并网计量箱（柜）。

（3）一个供电单元下（即一条线路、一台变压器、一条母线），原则上只允许一个并网点，光伏多路输出的发电电源应汇流后单点接入并网点。避免一个供电单元下拆分多个并网点而导致保护配置出现困难和保护范围出现盲区的情况。

（4）10kV及以上分布式光伏发电并网点的图例如图2-1所示。图2-1中，虚线框为用户内部电网，该用户电网通过公共连接点E与公共电网相连。在用户电网内部，有3个光伏发电系统，分别通过A点、B点、C点与用户电网相连，A点、B点、C点均为分布式光伏发电并网点，但不是公共连接点。在F点，有光伏发电系统直接与公共电网相连，D点是分布式光伏发电并网点，F点是公共连接点。220V/380V全部上网模式分布式光伏发电并网点的图例如图2-2所示。220V/380V自发自用（含自发自用、余电上网）模式分布式光伏发电并网点的图例如图2-3所示。

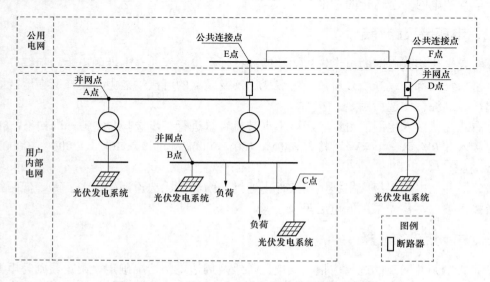

图2-1　10kV及以上分布式光伏发电并网点的图例

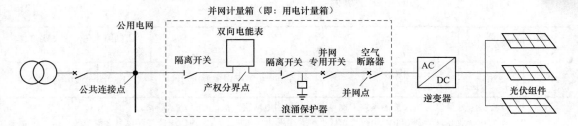

图 2-2　220/380V 全部上网模式分布式光伏发电并网点的图例

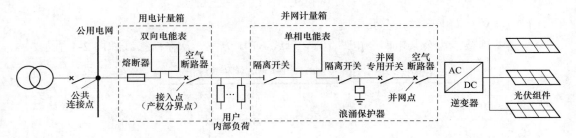

图 2-3　220/380V 自发自用（含自发自用、余电上网）模式分布式光伏发电并网点的图例说明

## 四、接入方式的选择

对于利用建筑屋顶及附属场地建设的分布式光伏项目，发电量可以"全部自用""自发自用、余电上网""全额上网"，由用户自行选择。发电量选择"全部自用"和"自发自用、余电上网"项目，接入用户侧，用户不足的用电量由电网提供；发电量选择"全额上网"项目，就近接入公共电网，用户用电量由电网提供。在同一屋顶建设的分布式光伏项目应选用同一种电量消纳模式。根据建筑屋顶的情况可将分布式光伏分为户用型家庭光伏和非户用型企业光伏两类。

### （一）非户用型分布式光伏接入系统方式

应根据电网周边环境、用户内部接线环境、并网容量等确定接入电网和用户内部受电网的方式，根据接入情况分为单点接入方案和多点接入方案。

### 1. 单点接入方案

分布式光伏发电单点接入系统包括专用线路接入公共电网、就近 T 接临近公用线路和接入用户内部，详细的推荐方案见表 2-1，对应方案的一次系统接线如图 2-4～图 2-8 所示。

表 2-1　　　　　　　　　　分布式光伏发电单点接入系统推荐方案

| 方案编号 | 接入电压 | 运营模式 | 接入点 | 送出回路数（回） | 单个并网点的参考容量 |
|---|---|---|---|---|---|
| F-1 | 10kV | 全额上网接入公共电网 | 接入公共电网变电站 10kV 母线 | 1 | 1～6MW |
| F-2 | | | 接入公共电网开关站、配电站或箱式变电站 10kV 母线 | 1 | 400kW～6MW |
| F-3 | | | 接入公共电网 10kV 线路 T 接点 | 1 | 400kW～6MW |
| F-4 | | 自发自用/余量上网接入用户电网 | 接入用户电网 10kV 母线 | 1 | 400kW～6MW |

| 方案编号 | 接入电压 | 运营模式 | 接入点 | 送出回路数（回） | 单个并网点的参考容量 |
|---|---|---|---|---|---|
| F-5 | 380V | 自发自用/余量上网接入用户电网 | 接入用户电网配电室低压母线 | 1 | 20～400kW |

注 1. 表中参考容量仅为建议值，具体工程设计中可根据电网实际情况进行适当调整。
　　2. 安装在企业屋顶计划 380V 并网的光伏不推荐全额上网方式，考虑到低压公共连接点无法安装开关，采用直接搭接的方式，并网点（明显断开点）在企业内部，从安全运行和方便管理的角度考虑，不采用非户用型低压全额上网方式。

（1）10kV 全额上网接入公共电网。

1）公共连接点为公共电网变电站 10kV 母线，F-1 方案一次系统接线如图 2-4 所示。

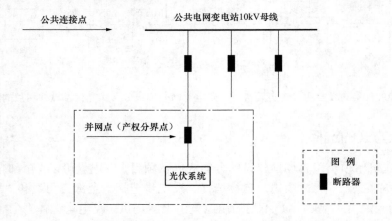

图 2-4　光伏系统接入公共电网变电站 10kV 母线

2）公共连接点为公共电网开关站、配电室或箱式变电站 10kV 母线，单个并网点参考装机容量 400kW～6MW。F-2 方案一次系统接线如图 2-5 所示。

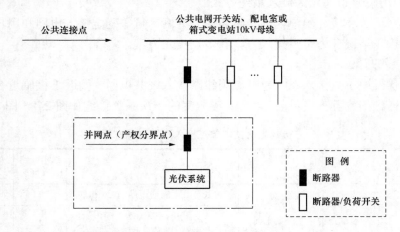

图 2-5　光伏系统接入公共电网开关站、配电室或箱式变电站 10kV 母线

公共连接点为公共电网变电站 10kV 母线、公共电网开关站、配电室或箱式变电站 10kV 母线均属于专用线路并网方式，专用线路接入方式的问题在于需要占用有限的变电站和开关

站的间隔资源，特别是城市中心地带和用电集中的高新技术开发区、工业园区内，由于用电项目多，供电区域母线间隔的占用率本来就高，并且通过改造增加间隔需要很高的成本和较长的工期。另外，由于建设专用线路所必须增加的电缆、路径通道和保护配置的施工和改造，造成专用线路接入的投资比较大。专用线路接入方式多数适用于容量较大，对接入成本增加的敏感性较低，并且所发电量全部上网的分布式光伏项目。

3）公共连接点为公共电网 10kV 线路 T 接点，单个并网点的参考装机容量为 400kW～6MW。F-3 方案一次系统接线如图 2-6 所示。

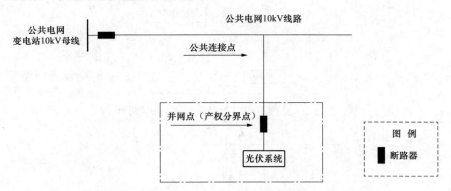

图 2-6　光伏系统接入公共电网 10kV 线路 T 接点

分布式电源全额上网接入公用线路时，10kV 线路档距在 50m 左右，如果就近接入杆塔已有落火电缆，不满足接入条件时，可根据实际情况考虑在两基杆塔中间新加一基杆塔或者延伸一基杆塔接入。

城市中心地带，用户配电房一般采用中压箱 T 接进房的方式，依据全额上网就近接入的原则，面对中压箱不具备保护功能不满足光伏接入的要求，可考虑从中压箱新出线，新建环网柜接入，环网柜可考虑建设在用户厂区，环网柜的后续管理需和用户协商。还可以开断原来到用户配电房的电缆，新建一进二出的环网柜，一路接进原用户配电房，另一路供光伏接入。

（2）10kV 自发自用、余电上网接入用户电网。自发自用、余电上网接入用户电网的光伏系统，上网关口与用电关口采用同一套计量装置，受电流互感器计量精确度的限制，光伏装机容量不应超过用户电流互感器所能承受的最大功率。F-4 方案一次系统接线如图 2-7 所示。

（3）380V 接入自发自用、余电上网接入用户电网。自发自用、余电上网接入用户电网的光伏系统，单个并网点的参考装机容量不大于 400kW，采用三相接入。装机容量 8kW 及以下时，可采用单相接入。光伏并网柜通常接入用户配电房低压总柜断路器下桩头，考虑光伏发电并网效率，如果光伏配电房距离用户配电低压室较远，依据现场实际情况，该光伏并网可就近接入低压分支箱。F-5 方案一次系统接线如图 2-8 所示。

**2. 多点接入方案**

考虑到多点接入计量装置（电能表、互感器）的安装和光伏并网后期的管理问题，原则上多点不超过两个点并网，全额上网推荐采用单点并网方式。同时，必须满足光伏多点并网总容量不影响用户的计量准确性，即不应更换用户（上网关口）电流互感器。分布式光伏发电组合接入系统推荐方案见表 2-2，对应方案一次系统接线如图 2-9～图 2-12 所示。

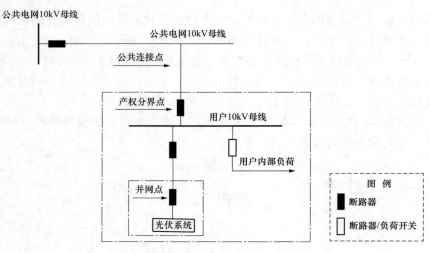

图 2-7　光伏系统接入用户电网 10kV 母线

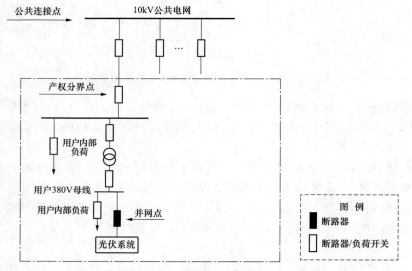

图 2-8　光伏系统接入用户电网配电室低压母线

表 2-2　　　　　　　　　　分布式光伏组合接入系统推荐方案

| 方案编号 | 接入电压 | 运营模式 | 接　入　点 |
|---|---|---|---|
| F-6 | 380V | 自发自用、余量上网接入用户电网 | 多点接入用户配电室或分支箱低压母线 |
| F-7 | 10kV | | 多点接入用户 10kV 开关站、用户配电室 |
| F-8 | 380V/10kV | | 以 380V 一点或多点接入用户配电室低压母线，以 10kV 一点或多点接入用户 10kV 开关站、配电室 |

（1）10kV 接入用户电网。按光伏用户提供的光伏矩阵及逆变器的配置情况，考虑光伏发电的并网效率，可考虑光伏多点接入高压配电房、配电柜。用户配电房高压室需预留并网高压柜的位置。采用多回线路将分布式光伏接入用户 10kV 开关站、配电室。

方案以光伏发电单点接入用户 10kV 开关站、配电室为基础模块，进行组合设计。自发自用、余电上网 10kV 接入用户电网一次系统有两个子方案，子方案接线如图 2-9、图 2-10 所示。

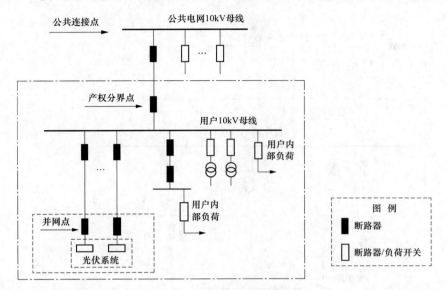

图 2-9　自发自用、余电上网 10kV 接入用户电网一次系统（专用线路接入公共电网）

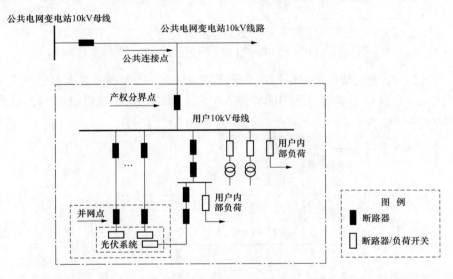

图 2-10　自发自用、余电上网 10kV 接入用户电网一次系统（T 接接入公共电网）

（2）380V/10kV 电压接入用户电网。以 380V/10kV 电压等级将光伏接入用户电网，380V 接入点为用户配电室 380V 母线，10kV 接入点为用户 10kV 母线。以光伏发电单点接入用户配电室和单点接入用户 10kV 开关站、配电室方案为基础模块，进行组合设计。

自发自用、余电上网接入用户电网的光伏系统，接入配电室低压母线时，单个并网点的参考装机容量为 20～400kW；接入用户 10kV 开关站、配电室时，单个并网点的参考装机容量为 400kW～6MW。自发自用、余电上网 380V/10kV 接入用户电网一次系统方案接线如图 2-11 所示。

（3）380V 接入用户电网。采用多回线路将光伏接入用户配电室或分支箱低压母线。方案设计以光伏发电单点接入用户配电箱和单点接入用户配电室或分支箱方案为基础模块，进行组合设计。

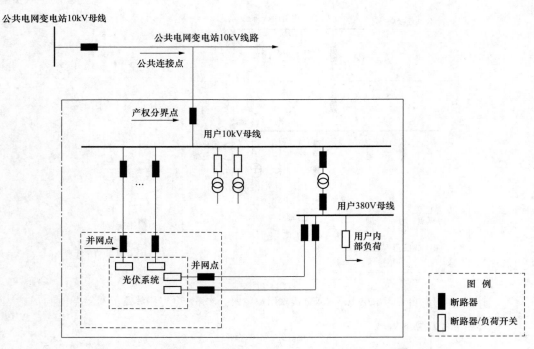

图 2-11 自发自用、余电上网 380V/10kV 接入用户电网一次系统

自发自用、余电上网接入用户电网的光伏系统,单个并网点参考装机容量不大于 400kW,采用三相接入。自发自用/余量上网 380V 接入用户电网的一次系统接线如图 2-12 所示。

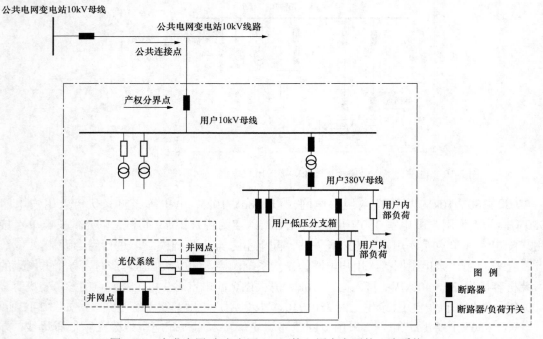

图 2-12 自发自用/余电上网 380V 接入用户电网的一次系统

**（二）户用型家庭光伏接入系统方式**

家庭屋顶光伏多路输出的发电电源应汇流后单点接入并网点，家庭屋顶光伏应按用户所处环境、并网容量等确定接入系统的方式，详细的推荐方案见表 2-3。

表 2-3　　　　　　　　　　　　家庭屋顶光伏接入系统推荐方案

| 方案编号 | 接入电压 | 并网模式 | 接入点 | 送出回路数/回 | 并网点的参考容量 |
|---|---|---|---|---|---|
| F-9 | 220V/380V | 全额上网接入公共电网侧 | 公共电网低压分支箱/公用低压线路 | 1 | ≤30kWp，8kWp 及以下可单相接入 |
| F-10 | 220V/380V | 自发自用、余电上网接入用户侧 | 用户计量箱（柜）表计负荷侧 | 1 | ≤30kWp，8kWp 及以下可单相接入 |

根据"全额上网""自发自用、余电上网"两种并网模式。全额上网模式应直接接入公共电网低压分支箱或公用低压线路，自发自用、余电上网模式应接入用户计量箱（柜）表计负荷侧。自发自用、余电上网模式接入用户计量箱（柜）表计负荷侧的位置应在原用户剩余电流保护装置的电网侧。单个并网点的参考装机容量不大于 100kW，采用三相接入；装机容量为 8kW 及以下时，可采用单相接入。

F-9、F-10 方案一次系统接线分别如图 2-13 和图 2-14 所示。

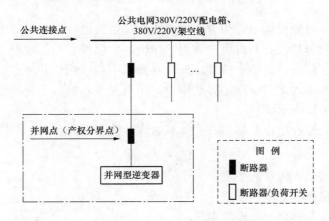

图 2-13　光伏系统接入公共电网低压分支箱或线路

## 五、并网容量的管理

光伏投资单位前期需做好光伏项目可行性研究工作，并报当地发展和改革委员会备案，出具的可行性研究报告应涵盖光伏并网实施方案，依据用电设备负载、屋顶的样式和屋顶的面积进行的最佳安装容量的测算。用户报装容量不得超过当地政府（发展和改革委员会）的项目备案容量。以经济开发区形式总容量等类型打包备案的，单个子站项目容量不受备案容量约束，但所有子站的装机总容量不得超过备案容量，当建筑面积确实有裕量时，需向当地政府重新备案或进行备案变更。

分布式光伏电源的接入容量受多种因素影响，如接入位置、负荷情况、相关技术规范等。

**（一）自发自用、余电上网**

（1）申请 380V 接入用户电网的光伏用户，考虑到节假日期间用户低负荷，光伏发电量

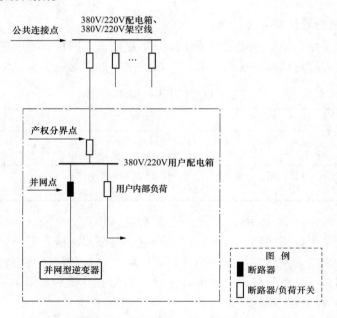

图 2-14 光伏系统接入用户计量箱（柜）

通过用户变压器向电网侧反送电，为避免用户变压器过载运行，故申请光伏装机容量不得超过关联用户变压器的容量，必要时可建议用户申请备案项目变更、采取全额上网的方式或者降低光伏并网容量。此外，为便于管理，低压并网以不超过两个并网点为宜。

（2）申请 10kV 接入用户电网的光伏用户，申请光伏容量以不更换用户电流互感器、不影响用户计量精度为第一原则。

根据用户现场装设的电流互感器按式计算最大装机容量

$$P_{max} = \sqrt{3}\, UI \tag{2-1}$$

式中　$P_{max}$——光伏最大可接入容量；

$U$——线路额定电压；

$I$——电流互感器一次额定电流。

1）用户申请容量满足低压接入的要求，而配电房低压室没有预留低压并网柜的位置，不具备低压接入的要求时，可建议用户高压并网或者考虑厂区新建独立光伏配电房；用户申请高压并网或者申请容量需高压并网，而配电房高压室不满足高压接入的要求时，可考虑变更接入方式，采取接入公共电网的并网方式。

2）用户增容期间或者有增容需要时，用户配电房供电设施按最终配电变压器的容量确定光伏容量的接入条件。同时，光伏并网容量需根据用户变增容进度考虑，在时限上不能满足时，应按用户现有配电变压器的容量分批并网，光伏企业并网高压柜及电缆可按最终容量一次建成。

3）针对余电上网用户，关联用户有两台变压器，用户容量 1880kVA（630、1250kVA 的变压器各一台），正常运行时，低压母联断路器断开，用户申请光伏容量 800kW 分两点低压并网。运行中，如遇企业 1250kVA 配电变压器退出运行申请减容需求，低压母联断路器合闸前，相应接入该配电变压器的光伏发电同时退出运行。待措施完善或方案变更验收合格后，方可并网发电。类似的情况有用户容量 945kVA（315、630kVA 的变压器各一台），用户申请光伏容量 630kW，按光伏用户提供的光伏矩阵及逆变器的配置情况，考虑光伏发电并网效率，拟建光伏分两点就近接入低压配电房配电柜，根据用户生产需要，630kVA 变压器退出运行时对应的光伏并网柜同时退出运行。

### （二）全部上网

（1）线路型号决定了线路的传输容量，当分布式光伏扩容到一定程度时，线路的输送容量将不能满足分布式光伏的最大送出功率，限制分布式光伏的准入功率。此外，分布式光伏在线路传输过程中，将带来网损的变化。因此，针对光伏发电的接入，需合理确定原有线路的型号及长度。

（2）面对新装用户，用户永久供电方案建设时序无法确定时，应采取全部上网方式或者按照当前用户现有配电变压器的容量分批并网，光伏企业并网高压柜及电缆可按最终容量一次建成。

（3）针对大容量分布式光伏，需要采用专用线路接入变电站的形式。变电站剩余间隔的数目将制约分布式光伏采用专用线路接入的方式。

（4）两家企业位置相邻，属于同一个投资主体，两家企业的配电房供电设施均不具备光伏容量并网接入要求。同时，两家企业针对光伏电站本体设备的建设均不满足场地设置要求。可采用光伏组件分别位于两家企业内，电站本体合二为一的格局来解决光伏升压站用地的问题。

分布式光伏接入后，不应通过变压器向上级电网输送功率，因此分布式光伏的发电量能否被变电站最大负荷消纳，是制约分布式光伏接入的重要影响因素。

## 六、电气主接线的选择

分布式电源升压站或输出汇总点的电气主接线方式，应根据分布式电源规划容量、分期建设情况、供电范围、当地负荷情况、接入电压等级和出线回路数等条件，通过技术经济分析、比较后确定，可采用以下几种主接线方式。

（1）380V 余电上网接入用户配电房，不会改变原有用户变电站电气主接线方式。光伏电站 380V 侧采用单元或单母线接线。

（2）10kV 接入用户内部电网或者公共电网，光伏电站 10kV 侧采用线变组接线，线变组接线是指线路和变压器直接相连的一种最简单的接线方式没有母线的接线或单母线接线；光伏电站 380V 侧采用单元或单母线接线；对于单台变压器接入 10kV 采用线变组器接线方式，多台变压器接入采用单母线接线方式。

（3）接有分布式电源的配电台区，不得与其他台区建立低压联络（配电室、箱式变电站低压母线间联络除外）。

## 七、主要电气设备的选择与参数

为了从根本上杜绝安全隐患，提高分布式光伏电站的运行水平，保障电源发电效益的最大化，对分布式光伏电站接入配电网工程设备的质量把控十分必要，分布式光伏接入系统工程应选用参数、性能满足电网及分布式电源安全、可靠运行的设备。应根据接入系统方案设计中的潮流分析、短路电流计算和无功平衡计算进行主要电气设备的选型。分布式发电系统接地设计应满足 GB/T 50065—2011《交流电气装置的接地设计规范》的要求。分布式电源的接地方式应与配电网侧的接地方式一致，并应满足人身设备安全和保护配合的要求。

用于分布式电源接入配电网工程的电气设备主要包括升压变压器、电缆、断路器、逆变器、汇流箱，设备相关参数应结合现场实际情况做到符合相关标准的规定。

## （一）分布式电源升压变压器

该变压器用于分布式光伏逆变器逆变电压升压经 10kV 并网，其参数应符合 GB 24790—2009《电力变压器能效限定值及能效等级》、GB/T 6451—2015《油浸式电力变压器技术参数和要求》、GB/T 17468—2008《电力变压器选用导则》的有关规定。变压器的单台容量和数量应综合考虑分布式电源的当前和远期装机情况，按照实际情况进行选择。升压变压器的容量宜采用 315、400、500、630、800、1000、1250kVA 或多台组合。

根据自然条件、变压器的形式和容量，选择合适的冷却方式。由于升压站场地限制，分布式电源变压器多采用干式变压器，自然风冷却方式，推荐使用低损耗型变压器，如 SCB11 型变压器。升压变压器的容量可按光伏阵列单元模块的最大输出功率选取。对于在沿海或风沙地区的分布式光伏电源点，当采用户外布置时，沿海变压器的防护等级应达到 IP65，风沙地区变压器的防护等级应达到 IP54。

## （二）电缆（分布式电源送出线路）

分布式电源送出线路导线截面的选择应遵循以下原则。

（1）分布式电源送出线路导线截面的选择应根据所需送出的容量、并网电压的等级选取，并考虑分布式电源的发电效率等因素。

（2）当接入公共电网时，应结合本地配电网规划与建设情况选择适合的导线。380V 电缆可选用 120、150、185、240mm²等截面积的导线；10kV 电缆可选用 70、150、185、240、300mm²等截面积的导线。电缆采用铜芯电缆。

全额上网 10kV 的电缆长度 $L$ 可考虑按下式进行计算，其他接入方式可参考该式根据实际情况进行电缆选择。

$$L = (a+b)\alpha\beta \qquad (2\text{-}2)$$

式中   $a$ ——现场查勘时，落火杆到光伏配电房的测距长度；

     $b$ ——落火杆的杆长，一般为 12、15、18m；

     $\alpha$ ——余量系数，一般取 1.07；

     $\beta$ ——电缆采购系数，取 1.2～1.3。

## （三）断路器

分布式电源接入系统工程断路器的作用至关重要，主要体现在并网点断路器是否符合安全要求，以及设备在电网异常或故障时的安全性能能否在电网停电时可靠断开以保证人身安全。并网点断路器的选择应遵循以下原则。

（1）电网公共连接点和光伏系统并网点在光伏系统接入前后的短路电流，为电网相关厂站及光伏系统的开关设备的选择提供依据。在无法确定光伏逆变器短路特征参数的情况下，考虑一定裕度，光伏发电提供的短路电流按照 1.5 倍的额定电流计算。

（2）380V/220V：分布式电源并网点应安装易操作、具有明显的开断指示、具备开断故障电流能力的断路器。断路器可选用塑壳式断路器或万能断路器，根据短路电流水平选择设备开断能力，并应留有一定裕度，且具备电源端与负荷端反接能力。断路器应具备失电压跳闸及低电压闭锁合闸功能，失电压跳闸定值宜整定为 20%$U_N$、10s，检有压定值宜整定为大于 85%$U_N$。

（3）10kV：分布式电源并网点应安装易操作、可闭锁、具有明显开断点、具备接地条件、可开断故障电流的开断设备。

（4）当分布式电源并网公共连接点为负荷开关时，宜改造为断路器，并根据短路电流水平选择设备开断能力，留有一定裕度。

**（四）无功配置**

通过 380V 电压等级并网的光伏发电系统，应保证并网点处功率因数在 0.98（超前）～0.98（滞后）之间。通过 10kV 电压等级并网的发电系统功率因数应实现 0.95（超前）～0.95（滞后）之间连续可调；发电系统配置的无功功率补偿装置的类型、容量及安装位置应结合发电系统的实际接入情况确定，应优先利用逆变器的无功调节能力，必要时也可安装动态无功功率补偿装置。

发电系统的无功功率和电压调节能力应满足相关标准的要求，选择合理的无功功率补偿措施；发电系统无功功率补偿容量的计算，应充分考虑逆变器的功率因数、汇集线路、变压器和送出线路的无功损失等因素。

**（五）汇流箱**

在光伏发电系统中，为了减少太阳能光伏阵列与逆变器之间的连线，会使用到汇流箱。根据先汇流、后逆变或先逆变、后汇流原则，汇流箱分直流汇流箱和交流汇流箱两种。

**（六）逆变器**

光伏逆变器是光伏电站中将直流电逆变成交流电的装置，作用十分重要，一旦逆变器发生故障，将对整个电站造成影响。通常逆变器需具备的基本保护功能有输入过电压/欠电压保护，输入过电流保护，短路保护，过热保护，防雷击保护，过频/欠频保护，以及防孤岛保护。分布式光伏发电站采用的光伏逆变器应通过国家认可资质机构的检测或认证。

对于逆变器的组串式逆变器、集中式逆变器和逆变器升压一体化设备，应根据项目具体情况进行逆变器选型，一般地形较复杂或装机容量较小的分布式项目优先选用组串式逆变器，大容量发电项目优先考虑采用集中式逆变器。光伏逆变器的功率应该与光伏阵列的最大功率匹配，一般选取的光伏逆变器的额定输出功率与输入总功率相近。

当电网电压大幅波动，波动范围超过并网标准规定的过、欠电压阈值时，逆变器需要停机，并指示出相应停机原因。低频、低压保护是并网要求中的重要部分之一，保护功能不合格，严重情况下会影响光伏系统的稳定和配电网络的稳定。逆变器同时需具备防孤岛功能，在电网断电的情况下，为了检修人员的安全，逆变器能够实现快速检测并动作，防止将光伏发出的电传到待检修的母线上，而对检修人员的生命造成严重威胁。

# 第二节　继电保护与安全自动装置

分布式光伏接入系统运行，需对并网运行分布式光伏系统配置相关的继电保护装置和故障解列等安全自动装置。当分布式光伏线路本身或分布式光伏所接入某电压等级的系统发生故障时，配置防孤岛保护应能可靠动作及时切除故障点，保证动作时间与电网侧重合闸及备用电源自动投入装置的时间配合，保障供电质量，减少电网设备的损坏及检修人员的人身危险。

## 一、一般要求

分布式电源的继电保护与安全自动装置配置应满足可靠性、选择性、灵敏性和速动性的要求，其技术条件应符合 GB/T 14285—2006《继电保护和安全自动装置技术规程》、DL/T 584—2017《3kV～110kV 电网继电保护装置运行整定规程》和 GB 50054—2011《低压配电设计规范》的要求。

## 二、安全自动装置

### （一）220V/380V 接入

220V/380V 分布式光伏并网不独立配置安全自动装置，但并网点断路器应具备失电压跳闸及低电压闭锁合闸功能，失电压跳闸定值宜整定为 $20\%U_N$、10s，检有压定值宜整定为大于 $85\%U_N$。接入公共电网的光伏电源在并网点处电网电压异常时，光伏逆变器的响应要求见表 2-4（三相 380V）、表 2-5（单相 220V）。

表 2-4　　　　　　光伏逆变器在电网电压异常时的响应要求（三相 380V）

| 并网点电压 | 最大分闸时间 |
| --- | --- |
| $U<190$ | 0.2s |
| $190{\leqslant}U<323$ | 2.0s |
| $323{\leqslant}U{\leqslant}418$ | 连续运行 |
| $418<U<513$ | 2.0s |
| $U{\geqslant}513$ | 0.2s |

注　最大分闸时间指异常状态发生到逆变器停止向电网送电的时间。

表 2-5　　　　　　光伏逆变器在电网电压异常时的响应要求（单相 220V）

| 并网点电压 | 最大分闸时间 |
| --- | --- |
| $U<187$ | 0.1s |
| $187{\leqslant}U{\leqslant}242$ | 连续运行 |
| $U>242$ | 0.1s |

注　最大分闸时间指异常状态发生到逆变器停止向电网送电的时间。

接入公共电网的家庭屋顶光伏电源并网点处频率异常时，光伏逆变器的响应要求见表 2-6。

表 2-6　　　　　　家庭屋顶光伏逆变器在电网频率异常时的响应要求

| 频率范围（Hz） | 运行要求 |
| --- | --- |
| 低于 49.5 | 在 0.2s 内停止向电网送电，且不允许停止运行状态下的光伏并网 |
| 49.5～50.2 | 连续运行 |
| 高于 50.2 | 在 0.2s 内停止向电网送电，且不允许停止运行状态下的光伏并网 |

## （二）10kV 接入

并网光伏发电系统会对配电网和高压输电网的电压质量与频率质量及其控制造成一定的影响。光伏电站侧需配置安全自动装置，装置一般具备低压解列、低频解列、过频解列、零序过电压解列和电流互感器断线闭锁等基本功能，实现频率电压异常紧急控制功能，跳开光伏电站侧断路器。

光伏电站在电网电压异常时必须做出响应，一般并网点电压在 $0.85U_N \leqslant U \leqslant 1.1U_N$ 时，可连续运行。当并网点电压在该区间之外时，则必须按照表 2-7 做出响应。

表 2-7　　　　　　　　　光伏电站在电网电压异常时的响应要求

| 并网点电压 | 最大分闸时间 |
|---|---|
| $U < 0.5U_N$ | 0.1s |
| $0.5U_N \leqslant U < 0.85U_N$ | 2.0s |
| $0.85U_N \leqslant U \leqslant 1.1U_N$ | 连续运行 |
| $1.1U_N < U < 1.35U_N$ | 2.0s |
| $1.35U_N \leqslant U$ | 0.05s |

注　1．$U_N$ 为光伏电站并网点的电网标称电压。
　　2．最大分闸时间指异常状态发生到逆变器停止向电网送电的时间。

随着光伏发电系统在电网中的比例逐步加大，其发电有一定的随机性，会使系统的频率时常波动，这就需要系统中具备足够量的调峰电源及增加调频能力快的机组的比例。光伏应具备一定的耐受系统频率异常的能力，应能在表 2-8 所示电网频率范围下运行。

表 2-8　　　　　　　　　光伏电站在电网频率异常时的响应要求

| 频率范围（Hz） | 运 行 要 求 |
|---|---|
| 低于 48 | 根据光伏电站逆变器允许运行的最低频率或电网要求而定 |
| 48～49.5 | 每次低于 49.5Hz 时要求至少运行 10min |
| 49.5～50.2 | 连续运行 |
| 50.2～50.5 | 每次高于 50.2Hz 时，光伏电站应具备能连续运行 2min 的能力，同时具备 0.2s 内停止向电网送电的能力，实际运行时间由电力调度部门决定。此时，不允许停止运行状态下的光伏电站并网 |
| 高于 50.5 | 在 0.2s 内停止向电网送电，且不允许停止运行状态下的光伏电站并网 |

## 三、线路保护

380V 接入用户电网部分要求并网点断路器应具备短路瞬时、长延时保护功能和分励脱扣、欠电压脱扣功能，线路发生各种类型的短路故障时，线路保护能快速动作，瞬时跳开断路器，满足全线故障时快速切除故障的要求。

10kV 接入电网部分要求 10kV 并网线路在光伏电站侧配置电流速断保护作为主保护，保护瞬时跳开线路各侧断路器。分布式电源接入 10kV 电压等级系统保护参考以下原则配置。

### （一）送出线路继电保护配置

采用专用线路接入用户变电站或开关站母线等时，宜配置（方向）过电流保护；接入配电网的分布式电源容量较大且可能导致电流保护不满足保护"四性"（选择性、速动性、灵敏性、可靠性）要求时，可配置距离保护；当上述两种保护无法整定或配合困难时，可增配纵联电流差动保护。

### （二）系统侧相关保护校验及改造完善

（1）分布式电源接入配电网后，应对分布式电源送出线路相邻线路的现有保护进行校验，当不满足要求时，应调整保护配置。

（2）分布式电源接入配电网后，应校验相邻线路的开关和电流互感器是否满足要求（最大短路电流）。

（3）分布式电源接入配电网后，必要时按双侧电源线路完善保护配置。

## 四、母线保护

380V 接入用户电网部分，380V 母线不配置母线保护。

10kV 母线经出线柜送出并入公共电网，由于并网线路配置线路过电流保护，光伏电站侧不配置 10kV 母线保护，仅由光伏变电站侧线路保护切除故障。当有特殊要求时，如后备保护时限不能满足要求，也可设置独立的母线保护装置。需对变电站或开关站侧的母线保护进行校验，若不能满足要求，则变电站或开关站侧需要配置专用母线保护。

## 五、防孤岛保护与反孤岛保护

孤岛指包含负荷和电源的部分电网从主网脱离后继续孤立运行的状态。孤岛可分为计划性孤岛和非计划性孤岛，这里孤岛保护主要指防止非计划性孤岛的发生。

根据适用范围的不同，把孤岛保护分为防孤岛保护和反孤岛保护。装设于 10kV 并网柜的称为防孤岛保护，而低压反孤岛装置主要用于 220V/380V 电网中，一般安装在光伏发电系统送出线路电网侧，如配电变压器低压侧母线、箱式变电站母线等处，在电力人员检修与光伏发电系统相关的线路或设备时使用。

### （一）防孤岛保护

由于现有的光伏发电容量相对于负载比例小，市电消失后，电压、频率会快速衰减，逆变器可以准确检测出来。但是随着光伏发电容量的不断加大，并网光伏发电系统中会有多种类型的并网型逆变器（不同保护原理）接入同一并网点，导致互相干扰，同时在出现发电功率与负载基本平衡的状况时。抗孤岛检测的时间会明显增加，甚至可能出现检测失败。所以，在并网型逆变器具备孤岛保护功能的前提下，仍然要求光伏系统并网加装防孤岛保护装置，这是为实现防孤岛保护准备的二次保护。逆变器和防孤岛装置的动作范围不一样，逆变器检测市电消失后自动关机退出运行，防孤岛保护装置动作跳开并网开关。

### （二）反孤岛保护

逆变器应符合国家、行业相关技术标准，具备高/低电压闭锁、检有压自动并网功能。逆变器必须具备快速监测孤岛且监测到孤岛后立即断开与电网连接的能力。若并网光伏容量超过变压器额定容量的 25%，需在配电变压器低压母线处装设反孤岛装置；低压总开关应与反孤岛装置间具备操作闭锁功能。当母线间有联络时，联络开关也与反孤岛装置间具备操作闭锁功能。台区内家庭屋顶光伏并网容量超过 15%时，宜考虑提前安排进行上述改造。电网低压总开关反孤岛保护装置接线如图 2-15 所示。

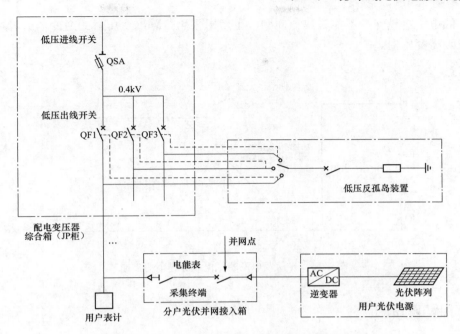

图 2-15　电网低压总开关反孤岛保护装置接线

## 六、低电压穿越保护

逆变器的低电压穿越保护指当电力系统事故或扰动引起光伏发电站并网点电压跌落时，在一定的电压跌落范围和时间间隔内，光伏发电站能够保证不脱网连续运行的功能。

（1）根据 NB/T 32005《光伏发电站低电压穿越监测技术规程》的规定，低电压穿越功能适应于 35kV 及以上的电压等级并网，以及通过 10kV 电压等级与公共电网连接的新建、扩建和改造的光伏发电站，低电压穿越能力需要由逆变器实现。而接入用户侧的分布式光伏项目不要求具备低电压穿越能力，当负载端发生触电、短路、接地等故障时，引起支路电压降低或者总开关跳闸，这时逆变器应立即停止运行，防止事故进一步恶化。

（2）随着分布式光伏装机容量的攀升，分布式电源在电网中所起的作用也越来越不容忽视，让其参与电网控制，提出用分布式电源来支撑电网稳定性的要求已经很有必要。倘若地区某范围发生故障，这时如果分布式光伏发电立即切除，就会对电网的稳定性产生影响，甚至其他无故障的支路发生因果联锁开断，进而造成大面积电网停电事故。当光伏电源容量占据配电网系统容量一定比例时，希望分布式光伏电源在系统侧故障时不脱网维持运行一段时间，甚至为维持电压稳定向网侧提供无功功率，具体占比需根据实际电网接入情况进行潮流试算和运行方式具体分析。图 2-16 所示为光伏发电站应满足的低电压穿越能力要求：

1）光伏发电站并网点电压跌至 0 时，光伏发电站应能不脱网连续运行 0.15s。

2）光伏发电站并网点电压跌至曲线 1 以下时，光伏发电站可以从电网切出。

图 2-16 中：$T_1$、$T_2$ 的参数选择应与防孤岛保护共存、与电网继电保护配合，在这里推荐参数 $T_1$ 为 0.625s，$T_2$ 为 2s。

（3）在一些有冲击性负载的工业厂房分布式光伏电站，如有大型吊车/电焊机等重型负荷启动，也会造成电压暂降，其特征是幅度少，非规则矩形，持续时间长，可能导致逆变器频繁启动，低电压穿越保护不能解决该问题，可考虑采用带隔离变压器的逆变器或者在光伏接入点加设隔离变压器。

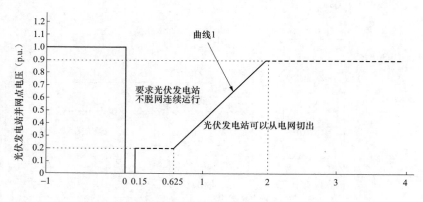

图 2-16   光伏发电站的低电压穿越能力要求

## 七、自动重合闸

（1）在失去系统侧电压后，分布式光伏可能继续对故障点供电，进行重合闸时，分布式光伏所提供的电流阻碍了故障点电弧的熄灭，引起故障点电弧重燃，导致绝缘击穿，此时瞬时性故障将进一步扩大为永久性故障。

（2）在系统侧电源断开至自动重合闸动作这段时间内，分布式光伏有可能加速或者减速运转，电力孤岛很难与系统侧电源保持完全同步，两者之间出现一个相位差。当相位差达到一定大小时，非同期重合闸会引起很大的冲击电流或电压，在冲击电流的作用下，馈线保护可能误动作，使自动重合闸失去作用。同时，冲击电流也可能对配电网和分布式光伏设备带来致命的冲击。因此，分布式光伏的接入对自动重合闸的正常工作产生了很大的影响。分布式光伏侧应该安装低频、低压解列装置。同时，为了避免非同期重合闸给配电网和分布式光伏设备带来的冲击，系统侧需安装线路电压互感器重合闸继电器检线路无压，且该线路正常运行时需将重合闸动作时间整定为躲过光伏电站安全自动装置的动作时间。在不满足检查线路无压要求时，重合闸应根据实际情况退出运行。

## 八、小电源联跳保护

（1）电网内存有大量光伏发电接入点，规模小且分散，实际电源控制难度高，并网时会很大程度上削弱大电网控制力度。大电网运行方式的改变将影响到电网控制与保护设备，再加上光伏发电系统产生的电能与传统电能并不相同，并网后也会对运行效率产生影响，进而作用到大电网保护装置，降低保护动作的灵敏性与时效性，更易发生运行故障。

（2）对供电敏感的客户，通常采用主备双电源供电并配置备用电源自动投入装置的方式来提高供电可靠性，分布式光伏电源的存在势必引起非同期合闸，影响备用电源自动投入装置的正确动作。如果小电源不解列，那么备用电源自动投入装置低电压就无法满足，系统负荷将会把分布式光伏拖垮，因此在备用电源自动投入装置内增加联跳功能。如果联跳小电源的功能不能在备用电源自动投入装置上实现，也可在其他保护装置上完善。

# 第三节　电能质量及功率控制

分布式光伏发电是通过光伏组件将太阳能转化为直流电，再通过并网型逆变器将直流电转化为与电网同频率、同相位的正弦波电流并进入电网。由于光伏发电系统输出功率具有波动性和间歇性，且光伏发电系统通过逆变器将光伏阵列输出的直流电转换为交流电供负荷使用，含有大量的电力电子设备，接入配电网会对当地电网的电能质量产生一定的影响，包括谐波、电压偏差、电压波动、电压不平衡度和直流分量等方面。为了能够向负荷提供可靠的电力，由光伏发电系统引起的各项电能质量指标应该符合相关标准的规定。

## 一、一般要求

（1）分布式光伏接入后发出电能的质量，在谐波、电压偏差、电压不平衡度、电压波动和闪变等方面应满足 GB/T 12325—2008、GB/T 12326—2008、GB/T 14549—1993、GB/T 15543—2008、GB/T 24337—2009《电能质量　公用电网间谐波》等电能质量国家标准要求。

（2）分布式光伏发电系统需在公共连接点或并网点装设满足 GB/T 19862—2016《电能质量监测设备通用要求》要求的 A 级电能质量在线监测装置。

（3）分布式光伏发电系统的电能质量监测历史数据应至少保存一年，并将相关数据上送至上级运行管理部门。

## 二、谐波

谐波指电流中所含有的频率为基波的整数倍的电量，一般指对周期性的非正弦电量进行傅立叶级数分解，其余大于基波频率的电流产生的电量。产生谐波的根本原因是非线性负载，当电流流经负载时，与所加的电压不呈线性关系，就形成非正弦电流，即电路中有谐波产生，在光伏发电系统中产生谐波的主要设备是逆变器和升压变压器。

光伏用户应根据分布式光伏发电产生谐波的特点，采用降低谐波源的谐波含量、利用滤波器进行滤波等措施抑制谐波，使得产生的谐波电压（电流）满足以下条件。

（1）分布式光伏接入电网后，公共连接点的谐波电压应满足 GB/T 14549—1993 的规定。公共电网谐波电压（相电压）上限值详见表 2-9。

表 2-9　　　　　　　　　　公共电网谐波电压（相电压）上限值

| 电网标称电压/kV | 电压总畸变率（%） | 各次谐波电压含有率（%） | |
| --- | --- | --- | --- |
| | | 奇次 | 偶次 |
| 0.38 | 5.0 | 4.0 | 2.0 |
| 10 | 4.0 | 3.2 | 1.6 |
| 35 | 3.0 | 2.1 | 1.2 |
| 110 | 2.0 | 1.6 | 0.8 |

（2）分布式光伏所接入公共连接点的谐波注入电流应满足 GB/T 14549—1993 的规定，

不应超过表 2-10 中规定的允许值，其中分布式电源向配电网注入的谐波电流允许值按此电源协议容量与其公共连接点上发/供电设备容量之比进行分配。

表 2-10　　　　　　　　　　　　　公共连接点的谐波注入电流上限值

| 标准电压 (kV) | 基准短路容量 (MVA) | 谐波次数及谐波电流允许值（A） | | | | | | | | | | | |
|---|---|---|---|---|---|---|---|---|---|---|---|---|---|
| | | 2 | 3 | 4 | 5 | 6 | 7 | 8 | 9 | 10 | 11 | 12 | 13 |
| 0.38 | 10 | 78 | 62 | 39 | 62 | 26 | 44 | 19 | 21 | 16 | 28 | 13 | 24 |
| 10 | 100 | 26 | 20 | 13 | 20 | 8.5 | 15 | 6.4 | 6.8 | 5.1 | 9.3 | 4.3 | 7.9 |
| 35 | 250 | 15 | 12 | 7.7 | 12 | 5.1 | 8.8 | 3.8 | 4.1 | 3.1 | 5.6 | 2.6 | 4.7 |
| 110 | 750 | 12 | 9.6 | 6.0 | 9.6 | 4.0 | 6.8 | 3.0 | 3.2 | 2.4 | 4.3 | 2.0 | 3.7 |
| — | | 14 | 15 | 16 | 17 | 18 | 19 | 20 | 21 | 22 | 23 | 24 | 25 |
| 0.38 | 10 | 11 | 12 | 9.7 | 18 | 8.6 | 16 | 7.8 | 8.9 | 7.1 | 14 | 6.5 | 12 |
| 10 | 100 | 3.7 | 4.1 | 3.2 | 6 | 2.8 | 5.4 | 2.6 | 2.9 | 2.3 | 4.5 | 2.1 | 4.1 |
| 35 | 250 | 2.2 | 2.5 | 2 | 3.6 | 1.7 | 3.2 | 1.5 | 1.8 | 1.4 | 2.7 | 1.3 | 2.5 |
| 110 | 750 | 1.7 | 1.9 | 1.5 | 2.8 | 1.3 | 2.5 | 1.2 | 1.4 | 1.1 | 2.1 | 1.0 | 1.9 |

## 三、电压偏差

电压偏差指实际运行电压对系统标称电压的偏差相对值，以百分数表示，其计算式为

$$电压偏差(\%) = \frac{电压测量值 - 系统标称电压}{系统标称电压} \times 100\% \qquad (2\text{-}3)$$

太阳辐照度、温度等会影响光伏的输出功率，分布式光伏接入后，由于光照和温度的不确定性、传输功率的波动和分布式负荷的特性，不可避免会对电网的电压质量造成影响，使得输线各负荷节点处的电压偏高或偏低，导致电压偏差超过安全运行的技术指标，在大规模分布式光伏接入后，配电网局部节点存在静态电压偏移的问题，光伏用户应使用合格的逆变器等改善电压质量，保证并网接入公共连接点的电压偏差满足 GB/T 12325—2008 的规定。

（1）35kV 公共连接点电压正、负偏差的绝对值之和不超过标称电压的 10%。（注：当供电电压上下偏差同号（均为正或负）时，将较大的偏差绝对值作为衡量依据）。

（2）10kV/380V 三相公共连接点电压偏差不超过标称电压的±7%。

（3）220V 单相公共连接点电压偏差不超过标称电压的＋7%，－10%。

## 四、电压波动和闪变

电压波动指电压方均根值（有效值）一系列的变动或连续的改变，闪变指电压波动所引起的灯光亮度变化的主观视觉，分布式光伏系统的输出功率由光照决定，并且并网型的光伏逆变器由可快速关断的电力电子元件控制，会造成局部配电线路的电压波动和闪变，对电网产生影响。

分布式光伏接入公共连接点的电压波动应满足 GB/T 12326—2008 的规定。

（1）分布式光伏单独引起公共连接点处的电压变动限值与电压变动频度、电压等级有关。电压波动限值见表 2-11。

表 2-11　　　　　　　　　　　　电压波动限制

| $r$<br>（次/h） | $d$（%） | |
|---|---|---|
| | $U_n{\leqslant}1kV$、$1kV{<}U_n{\leqslant}35kV$ | $35kV{<}U_n{\leqslant}220kV$ |
| $r{\leqslant}1$ | 4 | 3 |
| $1{<}r{\leqslant}10$ | 3 | 2.5 |
| $10{<}r{\leqslant}100$ | 2 | 1.5 |
| $100{<}r{\leqslant}1000$ | 1.25 | 1 |

注　$r$ 表示电压变动频度，$d$ 表示电压变动，$U_N$ 表示标称电压。

（2）电力系统公共连接点在系统正常运行的较小方式下，以一周（168h）为测量周期，所有长时间闪变值 $P_{lt}$ 都应满足表 2-12 闪变限值的要求。

表 2-12　　　　　　　　　　　各级电压下的闪变限值

| $P_{lt}$ | |
|---|---|
| ${\leqslant}10kV$ | ${\geqslant}110kV$ |
| 1 | 0.8 |

（3）分布式光伏接入公共连接点单独引起的电压闪变值应根据电源安装容量占供电容量的比例、系统电压等级，按照 GB/T 12326—2008 的规定分别按三级做不同的处理。

1）第一级规定：满足本级规定，可以不经闪变核算，允许接入电网。

a．35kV 及以下公共连接点电压的光伏接入，第一级限值见表 2-13。

表 2-13　　　　　　　　　第 一 级 限 值

| $r$（次/min） | $k{=}(\Delta S/S_{sc})_{max}$（%） |
|---|---|
| $r{<}10$ | 0.4 |
| $10{\leqslant}r{\leqslant}200$ | 0.2 |
| $200{<}r$ | 0.1 |

注　$\Delta S$ 表示波动负荷视在功率的变动，$S_{sc}$ 表示公共连接点的短路容量。$r$ 表示电压变动频度

b．35kV 以上公共连接点电压的光伏接入，满足 $(\Delta S/S_{sc})_{max}{<}0.1\%$。

2）第二级规定：分布式光伏接入公共连接点单独引起的长时间闪变值须小于该负荷用户的闪变限值。

3）第三级规定：分布式光伏接入公共连接点不满足第二级规定的，经过治理后仍超过其闪变限值，可根据公共连接点实际闪变状况和电网的发展预测适当放宽限值，但公共连接点的闪变值必须符合相关规定。

## 五、电压不平衡度

（1）电压不平衡度指三相电压在幅值上不同或相位差不是 120°，或兼而有之的三相不平衡程度。

（2）分布式光伏接入公共连接点的三相电压不平衡度不应超过 GB/T 15543—2008 规定

的限值，公共连接点的三相电压不平衡度不应超过 2%，短时不超过 4%；由各分布式光伏接入引起的公共连接点三相电压不平衡度不应超过 1.3%，短时不超过 2.6%。

## 六、直流分量与电磁兼容

（1）直流分量指在交流电网中由于非全相整流负荷等原因引起的直流成分影响。直流分量会使电力变压器发生偏磁，从而引发一系列的影响和干扰。

分布式光伏发电系统的逆变器，由于基准正弦波的直流分量、控制电路中运算放大器的零点漂移、开关器件的设计偏差，以及驱动脉冲分配和死区时间的不对称等，输出电流都会含有直流分量，如果直流分量过大，不仅对电源系统本身和用电设备带来不良影响，如造成隔离变压器饱和导致系统过电流保护，以及造成电流严重不对称损坏负载等，还会对并网电流的谐波产生放大效应，从而产生电能质量问题，因此分布式光伏接入后向公共连接点注入的直流电流分量不应超过其交流额定值的 0.5%。

（2）电磁兼容指系统或设备在所处的电磁环境中能正常工作，同时不会对其他系统和设备造成干扰。它包括电磁干扰和电磁耐受性两部分，电磁干扰指机器本身在执行应有功能的过程中所产生的不利于其他系统的电磁噪声，电磁耐受性指机器在执行应有功能的过程中不受周围电磁环境影响的能力。

分布式光伏发电系统产生的电磁干扰不应超过相关设备标准的要求。同时，分布式光伏发电系统应具有适当的抗电磁干扰的能力，保证信号传输不受电磁干扰，执行部件不发生误动作。

（3）电能质量在线监测装置应满足以下对电磁兼容要求。

1）监测装置电快速瞬变脉冲群抗扰度应满足 GB/T 17626.4—2008《电磁兼容 试验和测量技术 电快速瞬变脉冲群抗扰度试验》中规定的严酷等级 3 级的要求。

2）监测装置射频电磁场辐射抗扰度应满足 GB/T 17626.3—2006《电磁兼容 试验和测量技术 射频电磁场辐射抗扰度试验》中规定的严酷等级 3 级的要求。

3）监测装置静电放电抗扰度应满足 GB/T 17626.2—2006《电磁兼容 试验和测量技术 静电放电抗扰度试验》中规定的严酷等级 3 级的要求。

4）监测装置浪涌（冲击）抗扰度应满足 GB/T 17626.5—2008《电磁兼容 试验测量技术 浪涌（冲击）抗扰度试验》中规定的严酷等级 3 级的要求。

## 七、无功配置及功率因数

（1）分布式光伏发电系统工程设计的无功配置应满足以下要求。

1）分布式光伏发电系统的无功功率和电压调节能力应满足 Q/GDW 212—2008《电力系统无功补偿装置技术原则（试行）》、GB/T 29319—2012《光伏发电系统接入配电网技术规定》的有关规定，应通过技术经济比较，提出合理的无功功率补偿措施，包括无功功率补偿装置的容量、类型和安装位置。

2）分布式光伏发电系统无功功率补偿容量的计算应依据变流器功率因数、汇集线路、变压器和送出线路的无功损耗等因素。

3）分布式光伏发电系统配置的无功功率补偿装置类型、容量及安装位置应结合分布式发电系统的实际接入情况确定，必要时安装动态无功功率补偿装置。

（2）分布式光伏发电系统工程设计的并网点功率因数应满足以下要求。

1）通过 380V 电压等级并网的分布式光伏发电系统应保证并网点处功率因数在 0.95（超前）～0.95（滞后）范围内可调节的能力。

2）通过 10～35kV 电压等级并网的分布式光伏发电系统应保证并网点处功率因数在 0.98（超前）～0.98（滞后）范围内连续可调的能力，有特殊要求时，可做适当调整以稳定电压水平。在其无功输出范围内，应具备根据并网点电压水平调节无功输出参与电网电压调节的能力，其调节方式和参考电压、电压调差率等参数应由供电公司调度机构设定。

## 八、电能质量监测

（1）电能质量监测指通过对引入的电压、电流信号进行分析处理，实现对电能质量指标的监测，按待测指标测量方法分为 A 级、S 级、B 级。

1）A 级指符合 GB/T 17626.30—2012《电磁兼容　试验和测量技术　电能质量测量方法》中 A 级准确度的测量方法，适用于要求精确测量电能质量指标参数的场合（如供用电合同约定的解决电能质量纠纷或验证是否满足相关电能质量标准等）。

2）S 级指符合 GB/T 17626.30—2012 中 S 级准确度的测量方法，适用于对电能质量进行常规测试及调查统计、排除故障等场合。

3）B 级为不符合 A 级和 S 级要求的电能质量监测设备。

电能质量监测环节如图 2-17 所示。

图 2-17　电能质量监测环节

（2）通过 10～35kV 电压等级接入的分布式光伏发电系统应在公共连接点或并网点装设满足 GB/T 19862—2016 要求的 A 级电能质量在线监测装置，并将相关数据上送至上级运行管理部门。

（3）通过 380V/220V 电压等级接入的分布式光伏发电系统，电能表应具备电能质量在线监测功能，可监测三相不平衡电流。

（4）电能质量监测设备的电气性能要求。

1）供电电源应优先选择下述额定电压。

a. 单相交流电压：220V。

b. 直流电压：220、110V。

2）工作电源电压的变化应满足以下要求，监测设备能可靠工作，测量准确度不受影响。

a. 交流标称电压±20%时，标称频率 50Hz±2.5Hz 时，谐波电压总畸变率不大于 10%。

b. 直流标称电压±20%时，纹波系数不大于 5%。

3）额定信号输入电压：

a. 直接接入式即直接将待监测点一次电压、一次电流信号接入监测设备，可选择的额定信号输入电压：100、220、380、690V。

b. 间接接入式即将待监测点一次电压、一次电流信号经互感器（传感器）接入监测设备，可选择的额定信号输入电压：100V、100V/$\sqrt{3}$。

4）电压信号输入回路的性能要求。

a. 安全要求：施加 4 倍额定电压或 1kV 交流电压（取小者），持续 1s，监测设备应不致损坏。

b. 波峰系数：可承受的波峰系数应不小于 2。

c. 功耗：额定信号输入电压下，回路（通道）消耗的视在功率应不大于 0.5VA/回路（通道）。

5）额定信号输入电压。

a. 直接接入式可选择的额定信号输入电流：0.1、0.2、0.5、1、2、5、10、20、50、100A。

b. 间接接入式可选择的额定信号输入电流：1、5A。

6）电流信号输入回路的性能要求。

a. 安全要求：施加 10 倍额定信号电流，持续 1s，监测设备应不致损坏。

b. 可承受的波峰系数。

a）施加电流小于或等于 5A 时，不小于 4。

b）施加电流大于 5A 且小于或等于 10A 时，不小于 3.5。

c）施加电流大于 10A 时，不小于 2.5。

d）功耗：额定信号输入电流下，各回路（通道）电压降不超过 0.15V。

7）电能监测设备工作电源长时间断电时，监测设备不应出现误读数，电源恢复时，数据应不丢失。

8）电能监测设备运行环境条件见表 2-14。

表 2-14　　　　　　　　　　　电能监测设备运行环境条件

| 环境参数 | 户内运行 |
| --- | --- |
| 极限环境温度 | −25～55℃ |
| 额定环境温度 | −10～45℃ |
| 24h 平均相对湿度 | 5%～95% |
| 海拔 | ≤2000m |

# 第四节　电能计量及通信信息

电能计量装置是准确测量电力电量的重要装置之一。通过科学、准确的计量可以监测电力企业的经济效益，为企业发展战略的改善提供可靠依据。另外，测量的数据也能直接反映出用户的用电情况，有利于节约用电。

对光伏用户来说，可靠的电能计量及通信装置，除正确计量电能进行结算外，还可辅助用户进行设备运行状况的判断。

## 一、一般要求

（1）与公共电网连接的分布式光伏发电系统，其电能计量应设立上、下网电量和发电量计量点。计量点装设的电能计量装置配置和技术要求应符合 DL/T 448—2016《电能计量装置技术管理规程》的相关要求。

（2）分布式电源接入配电网时，其通信信息应满足配电网规模、传输容量、传输速率的要求，遵循可靠、实用、扩容方便和经济的原则，同时应适应 DL/T 516—2017《电力调度自动化系统运行管理规程》的要求。

## 二、计量点的设置原则

分布式光伏发电系统接入配电网应设立上、下网电量和发电量电能计量点。计量点装设的电能表按照计量用途分为两类：关口计量电能表，用于计量用户与电网间的上、下网电量；并网电能表，用于计量发电量，计量点处应实现计量计费信息上传至运行管理部门。

电能计量点原则上应设置在供电设施与受电设施的产权分界处。按照全额上网模式与自发自用、余电上网模式划分，计量点的设置主要参照以下原则。

（1）全部上网模式计量点设置：用户用电计量点和发电计量点合并，设置在电网和用户的产权分界点处，配置双方向关口计量电能表，分别计量用户与电网间的上、下网电量和光伏发电量（上网电量即为发电量）。若产权分界处不适宜安装电能计量装置，则由分布式电源业主与电网企业协商确定关口计量点。

（2）自发自用、余电上网模式计量点设置：用户用电计量点设置在电网和用户的产权分界点，配置双向电能表，分别计量用户与电网间的上、下网电量；发电计量点设置在并网点，配置单方向电能表，计量光伏发电量。

## 三、计量装置的配置要求

分布式光伏发电系统电能计量点装设的电能计量装置，其设备配置和技术要求应符合 DL/T 448—2016 及其他相关标准、规程的要求，具体要求如下：

（1）分布式光伏发电系统电能计量装置配置准确度等级要求参照表 2-15。

表 2-15 准 确 度 等 级

| 电能计量装置类别 | 准确度等级 | | | |
| --- | --- | --- | --- | --- |
| | 电能表 | | 电力互感器 | |
| | 有功 | 无功 | 电压互感器 | 电流互感器 |
| Ⅰ | 0.2S | 2 | 0.2 | 0.2S |
| Ⅱ | 0.5S | 2 | 0.2 | 0.2S |
| Ⅲ | 0.5S | 2 | 0.5 | 0.5S |
| Ⅳ | 1 | 2 | 0.5 | 0.5S |
| Ⅴ | 2 | — | — | 0.5S |

注 1. 发电机出口可选用非 S 级电流互感器。
2. 电能计量装置中电压互感器二次回路电压降应不大于其额定二次电压的 0.2%。

（2）电能表采用智能电能表，功能符合 Q/GDW 1354—2013《智能电能表功能规范》，单相智能电能表技术性能符合 Q/GDW 1364—2013《单相智能电能表技术规范》，三相智能电能表技术性能符合 Q/GDW 1827—2013《三相智能电能表技术规范》。电能表应配有标准通信和上传接口，具备电流、电压、电量等信息采集，三相电流不平衡监测，以及本地通信和通过电能信息采集终端远程通信等功能，电能表通信协议符合 DL/T 645—2007《多功能电能表通信协议》要求。

（3）分布式光伏发电系统接入的计量用电流互感器、电压互感器及计量屏（柜）应满足以下要求。

1）计量互感器额定二次负荷的选择应保证接入其二次回路的实际负荷在 25%～100%的额定二次负荷范围内。二次回路接入静止式电能表时，电压互感器的额定二次负荷不宜超过 10VA，额定二次电流为 5A 的电流互感器的额定二次负荷不宜超过 15VA，额定二次电流为 1A 的电流互感器的额定二次负荷不宜超过 5VA。电流互感器额定二次负荷的功率因数应为 0.8～1.0，电压互感器额定二次负荷的功率因数应与实际二次负荷的功率因数接近。

2）分布式光伏发电系统配置的电流互感器的额定一次电流应根据其上网模式分别确定以下两项内容。

a. 全部上网模式应保证其在正常运行中的实际发电电流达到额定值的 60%左右，至少应不小于 30%。否则，应选用高动热稳定电流互感器，以减小变比。

b. 自发自用、余电上网模式上网侧计量电流互感器应保证用户在正常运行中的实际用电负荷电流达到额定值的 60%左右，至少应不小于 30%；发电侧计量电流互感器应保证其在正常运行中的实际发电电流达到额定值的 60%左右，至少应不小于 30%。否则，两种模式均应选用高动热稳定电流互感器，以减小变比。

3）35kV 贸易结算用电能计量装置中的电压互感器二次回路，应不装设隔离开关辅助触点，但可装设熔断器；35kV 及以下贸易结算用电能计量装置中的电压互感器二次回路，应不装设隔离开关辅助触点和熔断器。

4）贸易结算用高压电能计量装置应装设电压失压计时器。未配置计量柜（箱）的，其互感器二次回路的所有接线端子、试验端子应能实施铅封。

5）电能计量柜应符合 GB/T 16934—2013《电能计量柜》的要求，计量屏外形及安装尺寸应符合 GB/T 7267—2015《电力系统二次回路保护及自动化机柜（屏）基本尺寸系列》的规定，屏内有安装电能信息采集终端的空间，以及二次控制、遥信和报警回路端子。

6）电能计量装置内应安装电能信息采集终端（采集器），接入电能信息采集与管理系统，实现用电信息的远程自动采集。

## 四、计量装置的安装要求

### （一）计量柜（箱）的安装要求

（1）电能计量柜应符合 GB/T 16934—2013 的要求。

（2）家庭屋顶光伏专用并网计量箱应安装在户外，安装方式可采用多种（悬挂、固定等）方式，表箱安装中心离地高度为 1.4～1.8m，安装位置的选择应便于装拆、维护和抄表。进出线必须加装绝缘 PVC 套管保护，套管上端应留有滴水弯。

（3）金属电能表箱外壳接地宜采用截面积 25mm$^2$ 的多股铜芯黄、绿双色导线，导线两端压好铜接头并接地，接地电阻不大于 10Ω。

### （二）电能表、采集终端的安装要求

（1）电能表、采集终端的安装应垂直、牢固，电压回路为正相序，电流回路相位正确。

（2）每一回路的电能表、采集终端应垂直或水平排列，端子标志清晰、正确。

（3）三相电能表间的最小距离应大于 80mm，单相电能表间的最小距离应大于 30mm，电能表、采集终端与周围壳体结构件之间的距离不应小于 40mm。电能表的安装如图 2-18所示。

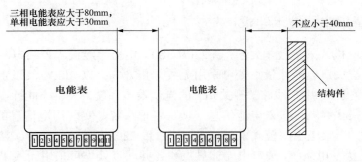

图 2-18　电能表的安装

**（三）电力互感器及二次线的安装要求**

（1）检查产品的完整性，并核对型号（规格）与装接单、图纸的一致性。

（2）同一组互感器的极性应一致，二次接线端子应具有防窃电功能。

（3）高压互感器宜采用截面积 25mm² 的多股铜芯黄、绿双色导线，互感器底座接地。低压电流互感器在金属板接地电阻符合要求的条件下（不大于 4Ω），允许互感器底座不再另行接地。

（4）二次线的型号选择及安装。

1）直接接入式电能表采用 BV 型绝缘铜芯导线，导线截面积应根据额定的正常负荷电流按表 2-16 选择。

表 2-16　　　　　　　　　不同负荷电流对应的绝缘铜芯导线截面积

| 负荷电流（A） | 绝缘铜芯导线截面积（mm²） |
| --- | --- |
| $I < 20$ | 4.0 |
| $20 \leqslant I < 40$ | 6.0 |
| $40 \leqslant I < 60$ | 10 |
| $60 \leqslant I < 80$ | 16 |
| $80 \leqslant I < 100$ | 25 |

注　DL/T 448—2016 规定，负荷电流为 60A 以上时，宜采用经电流互感器接入式的接线方式。

2）经互感器的导线选择。

a. 电流回路采用不小于 BV-4mm² 的单股铜芯黄、绿、红导线。

b. 电压回路采用不小于 BV-2.5mm² 的单股铜芯黄、绿、红导线。

c. 二次接地回路宜采用 BVR-4mm² 的多股铜芯黄、绿双色导线。

d. 一次接地回路宜采用 BVR-25mm² 的多股铜芯黄、绿双色导线。

e. 零线宜采用 BV-2.5mm² 的单股铜芯黑色导线。

f. RS-485 连线宜采用 BV-0.3mm² 及以上的单芯双绞线。

3）二次线应采用塑料捆扎带扎成线束，扎带尾线应修剪平整，转弯应均匀，转弯弧度不得小于线径的 2 倍，禁止导线绝缘出现破损现象；线束的走向原则上按横向对称敷设，当受位置限制时，允许竖向对称走向；电压、电流回路导线的排列顺序应为正相序，黄（A）、绿（B）、红（C）色导线按自左向右或自上向下顺序排列。

## 五、电能量采集的技术要求

（1）全部上网模式采集技术要求：以 220V/380V 电压等级接入公共电网配电箱（配电室）的光伏发电系统，关口电能计量点处可采用无线采集方式；以 10kV 及以上电压等级接入公共电网线路（开关站）、用户线路（开关站）的光伏发电系统，关口电能计量点处宜设置一套专用电能量信息采集终端，接入电能信息采集与管理系统，实现用电信息的远程自动采集。

（2）自发自用、余电上网模式采集技术要求：以 220V/380V 电压等级接入公共电网配电箱（配电室）的光伏发电系统，关口电能计量点和各并网点处均可采用无线采集方式；以 10kV 及以上电压等级接入公共电网线路（开关站）、380kV 及以上电压等级接入用户线路（开关站）的光伏发电系统，关口电能计量点和各并网点处均宜设置专用电能量信息采集终端，接入电能信息采集与管理系统，实现用电信息的远程自动采集。

## 六、通信方式与运行信息上传管理要求

分布式光伏发电系统接入配电网时，应根据当地电力系统的通信现状，因地制宜地选择下列通信方式，以满足光伏接入的需求。

### （一）光纤通信

根据分布式光伏发电接入方案，光缆可采用 ADSS 光缆、OPGW 光缆、管道光缆，光缆芯数 12～24 芯，纤芯均应采用 ITU-TG.625 光纤。结合本地电网整体通信网络规划，采用 EPON 技术、工业以太网技术、SDH/MSTP 技术等多种光纤通信方式。

### （二）电力载波

对于接入 35kV/10kV 配电网中的分布式光伏，当不具备光纤通信条件时，可采用电力线载波技术。

### （三）无线方式

可采用无线专用网络或 GPRS/CDMA 无线公用网络通信方式。当有控制要求时，不宜采用无线专用网络通信方式。当采用无线公用网络通信方式且有控制要求时，应按照 GB/T 22239—2008《信息安全技术　信息系统安全等级保护基本要求》的规定采取可靠的安全隔离和认证措施。采用无线公用网络的通信方式应满足 Q/GDW 625—2011《配电自动化建设与改造标准化设计技术规定》和 Q/GDW 380.2—2009《电力用户用电信息采集系统管理规范　第二部分：通信信道建设管理规范》的相关规定，采取可靠的安全隔离和认证措施，支持用户优先级管理。

### （四）通信设备供电

（1）分布式光伏发电接入系统通信设备电源的性能应满足 YD/T 1184—2002《接入网电源技术要求》的相关要求。

（2）通信设备供电应与其他设备统一考虑。

### （五）运行信息管理

在正常运行情况下，分布式光伏发电系统向电网调度机构提供的信息要求如下：

（1）380V/10kV 分布式光伏发电接入系统暂只需上传电流、电压和发电量信息，条件具备时，预留上传并网点开关状态能力。

（2）10kV 以上电压等级接入的分布式光伏发电系统需上传并网设备状态、并网点电压、电流、有功功率、无功功率和发电量等实时运行信息。

# 第五节　安全技术及标志管理

随着分布式光伏发电并网项目的大量投入运行，原来的无源电网逐步向有源电网转变，光伏发电项目的安全管理水平直接影响到电网的安全、稳定运行和用户安全用电。为了减少光伏并网给电网和用户带来的安全风险，本节对光伏项目并网的防雷与接地、安全与提示标志、电源点信息管理与运用、并网检测的要求与内容进行明确。

## 一、一般要求

加强分布式光伏项目施工过程、电气安装、并网调试等环节中的安全技术与安全防护，是保障分布式电源安全并网的必要手段。加强光伏项目过程中的安全技术与安全防护管控是提高安全管理水平的主要措施。

首先，要加强光伏项目建设期间的工程管理，确保光伏并网各组件和并网设备的安全、可靠接地；其次，要加强电源点的安全标志管理，确保电网检修人员的日常人身安全。同时，要建立电网光伏电源点的信息管理，对电网调度运行和运检计划安全提供信息支撑。最后，要加强光伏并网的验收检测，确保并网设备安全、可靠，相关保护功能可靠、灵敏，杜绝光伏项目带缺陷并入电网。

## 二、防雷与接地

光伏项目的防雷接地是光伏安全并网运行的重要组成部分，为确保光伏并网设备和电网设备的安全、稳定运行，以及用户与检修人员的人身安全，对相关的防雷技术和接地技术要求进行明确。

### （一）防雷技术

#### 1. 光伏发电项目的雷电入侵途径

分布式光伏项目的主要电气设备包含光伏电池阵列板、汇流箱、直流配电柜、逆变器、交流配电柜、升压变压器、高压开关柜及高、低压接线等。从光伏发电项目的结构来分析，雷电入侵主要有以下 4 个途径。

（1）从光伏并网的外部电网网架及线路入侵。

（2）从光伏配电房等建筑物的主体入侵。

（3）从光伏电池板直接入侵。入侵方式具体分为以下两种。

1）雷电直接打击光伏电池板，电池板附近的土壤和连接线路的表皮被雷电的高电压击穿，电流脉冲由击穿处入侵光伏并网系统。

2）含有大量电荷的云层对电池板进行放电，整个光伏系统的设备形成大型的感应磁场，强烈的冲击电流通过连接设备的直流线路入侵，使与之相连的光伏设备承受过量的冲击电流而损坏。

（4）从光伏并网配电房的接地体形成反击电压入侵。光伏并网配电房避雷针受到雷电打击时，在四周形成拓扑状的电位分布，对拓扑顶端（即处于中心位置）的电子设备接地体形成地电位回击，形成的瞬间回击电压峰值可达数万伏。

### 2. 光伏发电项目的防雷技术

光伏发电系统中设备的支架采用金属材料并占用较大空间，在雷电暴发生时，尤其容易受到雷击而毁坏，并且光伏组件、逆变器、升压变压器均比较昂贵，为避免因雷击和浪涌而造成经济损失，有效的防雷技术是必不可少的。

（1）直击雷防护。防护直击雷的实现主要是由避雷针（网、线、带）、引下线和接地系统统一组成外部的防雷系统来完成的。其目的就是避免建筑物因受到雷击而引起火灾及人身伤害事故。在 0 级保护区范围内，设置避雷针（网、线、带）及相应的接地装置，包括接地线、接地极等。

（2）浪涌保护。通过将浪涌保护器安装在通电电缆上来达到保护的目的，从而减少因电涌和雷击产生的过电压对光伏并网设备造成损害。

（3）等电位连接。通过构建光伏并网设备之间的金属等电位，来达到防止闪络和击穿的目的。等电位的构建是为了实现光伏并网设备的过电压保护，同时也是为了避免触电事故的发生。光伏发电系统的防雷系统，其关键手段就是通过电镀锌扁钢实现并网设备的金属外壳及全部金属部位连通并接地。

（4）屏蔽。为达到防止电磁脉冲和高感应电压对光伏并网设备的伤害，通常采用电磁屏蔽来实现对建筑物、线路及其他设备的隔离。屏蔽的原理是通过降低周围电磁场与相关线路的电磁作用来对系统提供保护，尤其当雷击云层在光伏并网系统附近经过时，保护作用就格外明显。其屏蔽的方式一般采用密封的导电壳层、绝缘外套或电缆管套等，另外需要注意的是，屏蔽装置的外壳应与接地线之间具备可靠连接。

### 3. 光伏并网电站的主要防雷措施

设计光伏发电的防雷系统时，首先要顾及雷电直击对光伏并网系统的伤害，同时也要顾及防止感应雷和雷电波对光伏并网系统的入侵与破坏，因此在光伏并网配电房上架设避雷针就十分必要。而在综合考虑经济性和安全性两大因素的影响后，设计防雷措施时应根据环境中不同的雷击方式采取对应的措施才更为有效、合理。根据光伏发电项目的环境因素，综合设计可采用的防雷措施主要有以下几点。

（1）在光伏并网配电房设置避雷针，配电房的建筑主体安置避雷网，尽可能考虑外部并网线路全线装设避雷线。若光伏并网设备未处在避雷网保护范围内，则要在光伏并网设备处另加防雷装置。接地装置的电阻应比较小，并具备良好的导电性能，这样才能把雷击产生的电流导入大地。同时，要采取措施减小地电位，并将全部并网装置都通过相互连接的接地母线排加以连接，从而通过共同接地的方式防止地电位反击。单独设立的避雷针（线）应专门设置对应的集中接地装置，接地电阻应不大于 $10\Omega$。低压装置的接地电阻应在 $4\Omega$ 以内。重要设备的接地应单独与接地网连接，接地电阻应符合要求，不应采用过渡接地。

（2）在直流防雷汇流箱内设置防浪涌的保护控制装置，并在并网柜中安装相应的浪涌防护器，以此来保护雷电波入侵的连接电缆。为了避免防浪涌保护装置故障后引发电路短路故障，宜串联一个熔断器或者断路器在浪涌保护器前端，且其对过电流的保护额定值不能大于浪涌保护器的最大额定值。对浪涌保护器的不同保护层级应选择不同的产品型号。为得到更好的泄流效果，第一级的浪涌保护应采用开关型的保护装置，其主要技术参数应符合以下要求：额定放电冲击电流 $I_{imp} \geq 5kA$（10/350μs）；第二级浪涌保护应加装在逆变器与并网点之间，宜采用限压型的保护装置。浪涌保护器的具体型号应根据现场实际情况确定。

（3）采用多层次的避雷保护。在光伏发电系统中，非常重要的问题就是如何顺利地将雷电流引流向大地。通常避雷器应选用非线性阻抗，即正常情况下处于高阻抗状态，当受到雷击后，瞬间阻抗值减少趋于导通状态，泄放雷电流后又能重新恢复到高阻抗状态的避雷器。近年来，常用的避雷器为氧化锌压敏电阻避雷器，其具备反应迅速、通流量大、性能稳定的优势。在光伏发电系统中，一般可采用多个避雷器并联叠加使用的方式来提高防雷的稳定性，避免光伏并网设备受到因避雷器受雷击损坏后的二次伤害。

（4）等电位链接。光伏组件、设备支架、交/直流电缆均应直接或间接通过浪涌保护器连接至等电位系统。其中，要注意接地电阻、接触电阻和导线电阻三者之间的区别与相互影响。接地电阻主要由以下4个部分组成：接地体与设备之间的连接线阻抗、接地体自身阻抗、接地体与土壤之间的接触阻抗、土壤呈现的阻抗。而后面两个阻抗值具备不确定性的特点，因此如何有效把握后两个阻抗值的大小才是做好接地电阻的难点。因为单个接地体的接地阻抗的大小是有限的，所以只有通过组建接地网的方式，才能有效降低接地阻抗值，而接地阻抗值越小，接地体的导流能力就越强，因雷击产生的瞬时电压也就越低，最终才能达到防雷的目的。

**（二）接地技术**

（1）光伏发电项目的接地系统应设计为首尾相连的环形接地系统。其中，光伏板的金属支架均应设置接地装置，其间隔不宜大于10m。光伏并网设备和建筑体之间的接地连接由热镀锌扁钢实现，需要注意的是，热镀锌扁钢在焊接时，其焊接部位要进行防腐、防锈处理，其好处在于既减少了接地阻抗值，又将互相连接的接地系统人为设置为一个等电位面，从而在雷击发生时，减少接地线上的过电压。接地极铺设的时候应注意，其接地部分应钉入土壤0.6m以上，而后再使用扁钢连接成网络。钉入土壤的扁钢连接部分需做好耐腐蚀保护。

（2）10kV配电装置主接地网为以水平接地体为主，垂直接地体为辅，且边缘闭合的复合接地网。10kV配电室内，接地主线、接地支线均采用40×4的热镀锌扁钢；垂直接地极采用∟50×5角钢，长度 $L=2500mm$；电缆沟接地采用40×4的热镀锌扁钢。光伏发电的水平接地网采用40×4规格的热镀锌扁钢敷设方式，其接地应满足以下几点。

1）电气装置和设施的下列金属部分均应接地：变压器和逆变器等的底座和外壳，互感器的二次绕组，所有组件支架，配电、控制、保护用的屏（柜、箱）等金属框架，铠装控制电缆外皮，电力电缆接线盒、终端盒外壳，电力电缆的金属护套或屏蔽层，穿线的钢管和电缆桥架、支架等。

2）接地线应采取防止机械损伤和化学腐蚀的措施。在接地线引进建筑物的入口处应设标志，明敷的接地线表面应涂宽度为15～100mm且相等的绿、黄相间的条纹。

3）连接电气设备的接地装置应满足以下要求。

a. 接地装置应采取栓接或焊接的方式。当连接方式为焊接时，焊接部位的长度应达到相应扁钢宽度的 2 倍或圆钢直径的 6 倍。

b. 伸长接地极（含接地体与管道）应在其连接处采取焊接的方式。焊接的部位要相对较近，并应在可能开断管道时，其接地部位接地阻抗的大小仍能符合要求。

c. 安装在室内的接地线沿墙明敷，其接地扁铁下端距地面的高度应为 20～25cm，其余不沿墙敷设的部分应埋入地下。

d. 接地装置的安装应密切配合其他工程，如土建、下水道、水管道、电缆沟道的施工。

e. 屋顶上的设备金属外壳和建筑物金属构件均应接地。

f. 除上述要求外，其余应满足 GB/T 50065—2011《交流电气装置的接地设计规范》、DL/T 620—1997《交流电气装置的过电压保护和绝缘配合》、DL/T 5136—2012《火力发电厂、变电站二次接线设计技术规程》的相关要求。

g. 光伏组件的外框应与支架可靠连接，所有的组件支架彼此之间可靠连接，使得屋顶光伏组件与接地网应形成统一接地网。

h. 屋顶下引主接地网采用 50×5 的热镀锌扁钢，支架与支架之间连接引用线采用 40×4 的热镀锌扁钢。

i. 新增引下线最终与厂区原有主接地网相连，如施工不便，可与新增集中接地极相连，最终应满足接地电阻的要求。

## 三、安全与提示标志

为防止电网检修作业时，计量装接人员与线路检修人员未掌握光伏并网用户信息等安全风险点，而导致出现人身设备的安全事故，10kV 分布式光伏发电的用户并网柜、并网线路 T 接杆、开关站并网间隔和 220V/380V 分布式光伏发电的公共连接点、并网计量柜、用户计量箱、低压并网分支箱、低压配电变压器台区、低压线路 T 接杆等位置均应设置电源接入安全与提示标志。材料采用铝箔覆膜标签纸，黄底黑字标志。

**（一）并网计量箱提示标志**

对于分布式光伏并网用户，其并网点位于并网计量箱内，因此应在并网计量箱上张贴安全与提示标志。

**1. 标签样式**

并网计量箱上应张贴明显的分布式光伏接入提示标志，其规格应为 60mm×160mm，具体样式如图 2-19 和图 2-20 所示。

光伏发电（全部上网）　　　　　光伏发电（余电上网）

图 2-19　全部上网标签样式　　　图 2-20　余电上网标签样式

**2. 张贴样式**

安全与提示标志应张贴于明显位置，如图 2-21 和图 2-22 所示，在表箱正面上沿或中间明显位置，但不应遮挡观察视窗。提示标志应粘贴得可靠、牢固。

**（二）用电计量表箱安全标志（余电上网）**

对于分布式光伏余电上网用户，因其存在用电计量表计，当表计轮换时，需做好对相关人员的提示工作，所以用电计量箱上应张贴安全与提示标志。

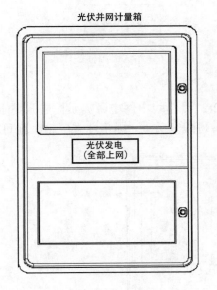

图 2-21　全部上网提示　　　　　图 2-22　余电上网提示

## 1．标签样式

用电计量箱上应张贴明显的分布式光伏接入提示标志，其规格应为 150mm×110mm，具体样式如图 2-23 所示。

## 2．张贴样式

安全与提示标志应张贴于明显位置，如图 2-24 所示，提示标志应粘贴地可靠、牢固。

## （三）并网计量箱电源进出类型标志

## 1．标签样式

为防止作业时将光伏电源与电网电源接入电线（电缆）产生混淆，应对电网电源与光伏电源进行明显区分。其安全与提示标志的规格为 20mm×40mm，具体样式如图 2-25 和图 2-26 所示。

图 2-23　用电箱光伏并网标签样式

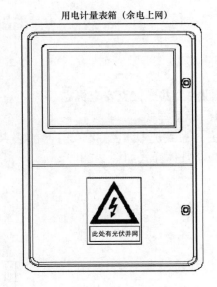

图 2-24　用电箱光伏并网提示

电网电源↓

图 2-25　电网电源标签样式

光伏电源↑

图 2-26　光伏电源标签样式

## 2. 张贴样式

安全与提示标志应张贴于明显位置，如图 2-27 所示，电网电源提示标志张贴于电网电源进线开关处，光伏电源提示标志张贴于光伏电源进线开关处，提示标志应粘贴地可靠、牢固。

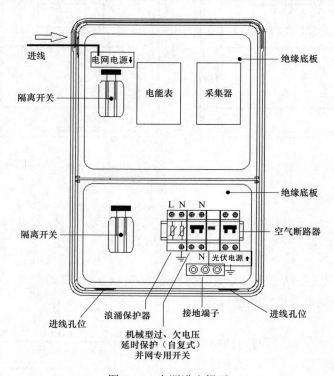

图 2-27　电源进出提示

## （四）公共连接点安全标志
## 1. 标签样式

在分布式光伏电源接入电网的公共连接点处应设置安全标志，其规格为 310mm×250mm，具体样式如图 2-28 所示。

图 2-28　公共连接点安全标志

## 2. 张贴样式

公共连接点的安全与提示标志按照接入公共连接点的类别与位置，可分为线路光伏接入标志、分支箱光伏接入标志、台区光伏接入标志。其中，线路光伏接入标志、分支箱光伏接入标志的张贴样式分别如图 2-29 和图 2-30 所示。

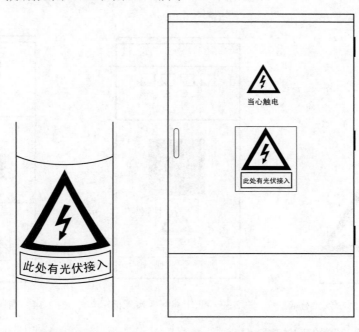

图 2-29　线路光伏接入提示　　　　图 2-30　分支箱光伏接入提示

JP 柜配电变压器台区光伏接入标志的张贴样式如图 2-31 所示。

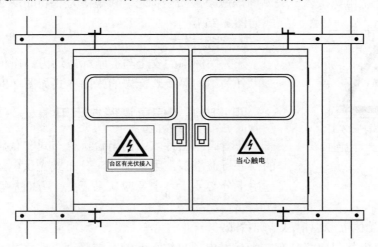

图 2-31　JP 柜配电变压器台区光伏接入提示

## （五）用户并网柜安全标志

## 1. 标签样式

在分布式光伏电源接入用户配电房的并网柜应设置安全标志，其规格为 310mm×

250mm，具体样式如图 2-32 所示。

### 2．张贴样式

用户并网柜的安全与提示标志按照用户接入位置，可分为低压并网柜接入标志、高压并网柜接入标志。其中，低压并网柜接入标志、高压并网柜接入标志的张贴样式如图 2-33 和图 2-34 所示。

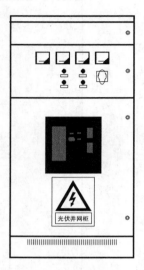

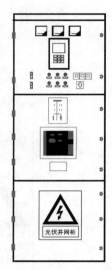

图 2-32　用户并网柜安全标志　　图 2-33　低压并网柜接入提示　　图 2-34　高压并网柜接入提示

## （六）开关站间隔接入安全标志

### 1．标签样式

在分布式光伏电源接入开关站间隔应设置安全标志，其规格为 310mm×250mm，具体样式如图 2-35 所示。

图 2-35　开关站间隔接入安全标志

### 2．张贴样式

开关站间隔的安全与提示标志均为高压柜接入标志。

开关站间隔接入标志的张贴样式如图 2-36 所示。

## 四、电源点信息管理与运用

随着国家扶持政策的出台，分布式光伏用户数随着时间的推移日益增多，因此加强对分布式光伏电源的信息管理与运用十分必要，且主要应从以下几个方面加强光伏信息的建立和管理。

## （一）建立光伏电源点信息基础台账

电网企业营销部门应将分布式光伏发电项目纳入营销系统管理，建立并网线路和公共连接点信息台账，供发展部门参考，发展部门应将光伏电源点信息基础台账作为编制光伏接入方案的依据，以提高接入方案的合理性和可行性，实现光伏发电容量和电网设备容量的有效匹配，并根据光伏项目的发展趋势，研究分析发电发电能力和用户消纳水平，结合电网长远稳定运行的要求和升级改造，提前完成 10kV 配电网和低压配电网的规划和建设，满足光伏发电项目的顺利接入。

**（二）实现 PMS2.0 系统光伏电源点的信息标注**

电网企业运检部门应在建立光伏电源点信息基础台账的同时，在 PMS2.0 系统中实现光伏电源点的信息标注，在线路计划检修工作中，将光伏发电并网点作为施工作业的安全风险点，并将计划工作中涉及的光伏发电并网点纳入工作票范畴，提前做好相关安全措施，施工中交代安全风险点和安全注意事项，以确保作业过程中的人身安全。

**（三）建立光伏电源点信息负荷分布图**

电网企业调控部门应根据营销部门和运检部门提供的光伏并网信息，建立和完善光伏电源点信息负荷分布图，实时采集分布式光伏发电电流、电压和功率等数据，及时掌握地区光伏发电对区域电网负荷变化产生的影响，合理调度电网运行方式，实现光伏发电有效就地消纳。同时，根据光伏发电的数据统计和分析，提高电网负荷预测的准确性和时效性，为电网的安全、稳定运行提供支撑。

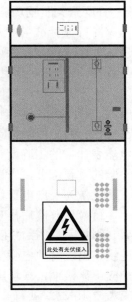

图 2-36　开关站间隔接入提示

## 五、并网检测的重点要求及重点内容

为减少并网光伏发电对电网安全运行带来的影响，同时提升并网光伏发电的运行稳定性，在分布式光伏并网前，应严格按照相关规定进行竣工检验及传动检测，确保相关保护和设备的可靠动作，并网检测的重点主要有以下几个方面。

**（一）并网检测的重点要求**

（1）并网光伏发电报验时应提供并网断路器和逆变器等的特性测试报告，测试单位应具备相应资质，验收人员在现场竣工检验前，首先对特性测试报告进行查验。

（2）竣工检验时，应重点测试并网开关和逆变器的相应功能是否满足国家规定的相关技术要求和现场安全技术要求。

（3）竣工检验时，应查验上网计量电能表和并网计量电能表的接线是否满足正确计量的要求，以及计量柜（箱）的封印是否完好。

（4）竣工检验时，应查验并网柜（箱）的接地装置、接地电阻和接地排的连接是否满足相关要求。

**（二）并网检测的重点内容**

对光伏并网用户的设备检测应按照国家和行业对分布式光伏并网运行的相关标准或规定进行，检测的重点内容主要有以下几点。

**1．防孤岛保护检测**

逆变器的低电压跳闸和防孤岛保护是确保电网失电后光伏发电系统可靠离网的重要保护措施，所以首先应查验检测报告的结论是否合格，以及保护动作时间是否符合国家的相关规定。国家规定逆变器的离网时间应不大于 2s，但是防孤岛保护的跳闸时间一般只有 0.2s 左右；低电压跳闸时间应按照国家规定的电压大小来核定。逆变器的保护功能一般采用拉开并网开关来实现检测、判断。

### 2. 并网开关跳闸功能检测

国家和行业标准中对并网开关的低电压、失电压保护的功能和时间进行了专门的规定，低电压、失电压保护是除逆变器保护功能外的第二套确保电网和光伏系统的安全保护，一般10kV用户的光伏并网项目安装在并网柜上，居民光伏的并网开关安装在并网计量箱内，其检测手段为拉开并网柜电网侧的开关来检测并网开关是否能够正确跳闸。低电压不同电压下的跳闸时间一般在现场很难实现检测判断，如果必须测试，需要通过专用的检测设备来实现。

### 3. 计量装置正确性检测

电能表计量的正确性直接影响到光伏发电项目的正确结算，所以现场计量装置的检测是竣工检验的重要部分，未送电前，首先得查验计量装置接线的正确性，上网电能表的接线应保证上网电量为反向电量，并网点计量的接线应保证发电量为正向电量，在无电检测正确的基础上，待光伏并网后再观察电能表的电流、电压和象限是否在正确运行状态。

### 4. 接地装置和接地电阻检测

进线、出线对地电阻应大于10MΩ，无碰壳现象；光伏组件、并网柜、并网计量箱、浪涌保护应可靠接地；现场应对部分重要接地部分采用接地绝缘电阻表进行抽检测试，接地电阻不应大于10MΩ（或符合设计要求）。重要设备还需要两点接地，接地排的连接应采用焊接，接触面应符合相关规程的要求。

### 5. 低压穿越能力检测

分布式光伏提供与现场型号一致的并网型逆变器低压穿越试验报告。分布式光伏并网点电压跌至0时，分布式光伏应不脱网连续运行0.15s；并网点电压跌至20%的额定电压时，能够保证不脱网连续运行0.475s；并网点电压在发生跌落后2s内能够恢复到90%的额定电压，且能够保证不脱网连续运行。低压穿越期间，分布式光伏应提供动态无功支撑。

# 第三章

# 分布式光伏并网业务

分布式光伏对优化能源结构、推动节能减排、实现经济可持续发展具有重要意义。2012 年以来，分布式光伏在我国蓬勃发展，国家电网公司根据《中华人民共和国电力法》《中华人民共和国可再生能源法》等法律法规，适时出台了国家电网办〔2012〕1560 号文件、国家电网办〔2013〕1781 号文件、国家电网营销〔2014〕174号文件等一系列文件，全力支持分布式光伏并网服务工作。国网浙江省电力有限公司为进一步规范分布式光伏并网服务工作，提升服务效率和服务水平，也相继出台了浙电营〔2017〕169 号等文件，明确了电网企业内部各部门的职责和服务时限，规范了各服务环节的收资要求。本章重点参考浙电营〔2017〕169 号文件，以梳理电网企业服务分布式光伏并网的各环节及各方职责、要求。

## 第一节 一 般 原 则

对于利用建筑屋顶及附属场地建设的分布式光伏发电项目，项目业主可在"全部自用""自发自用，剩余电量上网""全额上网"3 种发电量消纳方式中自行选择。用户缺少的电量由电网提供。上、下网电量分开结算，各级电网企业均应按照国家规定的电价标准全额保障性收购上网电量，为享受国家补贴的分布式光伏项目提供补贴计量和结算服务。

分布式光伏发电不收取系统备用容量费，对分布式光伏发电自发自用电量免收可再生能源电价附加、国家重大水利工程建设基金、大中型水库移民后期扶持基金、农网还贷资金等多项针对电量征收的政府性基金。

电网企业在并网申请受理、项目备案、接入系统方案的制订、设计审查、电能表安装、合同和协议签署、并网验收与调试、补助电量计量和补助资金结算服务中，不收取任何服务费用。

分布式光伏发电项目并网点的电能质量应符合国家标准，工程设计项目和施工应满足 GB 50797—2012《光伏发电站设计规范》和 GB 50794—2012《光伏发电站施工规范》等国家标准。

## 第二节 受理申请与现场查勘

### 一、受理申请

光伏项目业主可通过项目所在地的电网企业营业窗口、95598 客户服务电话和 95598 智能互动服务网站等多种渠道提出并网申请。电网企业营业受理人员受理并网申请后，应主动为客户提供并网咨询服务，履行"一次性告知"义务，接受并查验客户的并网申请资料，审核合格后正式受理并网申请，协助客户填写并网申请表。对于申请资料欠缺或不完整的，电网企业将一次性书面告知客户需补充完善的相关资料。受理并网申请后，电网企业地市公司或者县公司营销部门应在2个工作日内将相关申请信息以联系单的形式发送至发展部门、运检部门、经研所、调度部门、信通公司、快速响应服务班等部门（单位）、班组。

**（一）非居民分布式光伏项目所需申请资料**

（1）分布式电源并网申请单（见表3-1）。

（2）法人代表（或负责人）有效身份证明，包括身份证、军人证、护照、户口簿或公安机关户籍证明等，只需其中一项即可。

（3）法人或其他组织有效身份证明，包括营业执照或组织机构代码证、宗教活动场所登记证、社会团体法人登记证书，以及军队、武警后勤财务部门核发的核准通知书或开户许可证，只需其中一项即可。

（4）土地合法性支持文件。

1）房屋所有权证、国有土地使用证或集体土地使用证。

2）购房合同。

3）含有明确土地使用权判词且发生法律效力的法院法律文书（判决书、裁定书、调解书、执行书等）。

4）租赁协议或土地权利人出具的场地使用证明。

上述4项资料中，第1）～3）项提供其中一项即可，如为租赁第三方屋顶，还需提供第4）项。

（5）如委托代理人办理，则需提供经办人的有效身份证明文件及委托书原件。

（6）若需核准项目，则需提供政府主管部门同意项目开展前期工作的批复。

（7）多并网点380V/220V接入或10kV及以上接入的项目应提供发电项目前期工作及接入系统设计所需资料。

（8）若为接入专用变压器用户，则需提供用电相关资料，如一次主接线图、平面布置图、负荷情况等。

（9）合同能源管理项目或公共屋顶光伏项目需提供"建筑物及设施使用或租用协议"。

（10）住宅小区居民使用公共区域建设分布电源需提供"物业、业主委员会或居民委员会的同意建设证明"。

表3-1 分布式电源并网申请单

| 项目编号 | | 申请日期 | 年　　月　　日 | |
|---|---|---|---|---|
| 项目名称 | | | | |
| 项目地址 | | | | |
| 项目类型 | □光伏发电□天然气三联供□生物质发电□风电<br>□地热发电□海洋能发电□资源综合利用发电（含煤矿瓦斯发电） | | | |
| 项目投资方 | | | | |
| 项目联系人 | | 联系人电话 | | |

| 联系人地址 | | | |
|---|---|---|---|
| 装机容量 | 投产规模　　　kW<br>本期规模　　　kW<br>终期规模　　　kW | 意向并网<br>电压等级 | □35kV<br>□10（含 6、20）kV<br>□380（含 220）V<br>□其他 |
| 发电量意向<br>消纳方式 | □全部自用<br>□自发自用、余电上网<br>□全部上网 | 意向<br>并网点 | □个 |
| 计划开工时间 | | 计划投产时间 | |
| 核准情况 | □省级核准□地市级核准□省级备案□地市级备案□其他 | | |
| 用电情况 | 年用电量　　　kWh<br>装接容量　　　万 kVA | 主要<br>用电设备 | |
| 业主提供<br>资料清单 | （1）自然人申请需提供经办人身份证原件及复印件、户口本、房产证（或乡镇及以上级政府出具的房屋使用证明）项目合法性支持性文件。<br>（2）法人申请需提供以下资料。<br>1）经办人身份证原件、复印件和法人委托书原件（或法定代表人身份证原件及复印件）。<br>2）企业法人营业执照、土地证项目合法性支持性文件。<br>3）政府投资主管部门同意项目开展前期工作的批复（需核准项目）。<br>4）发电项目前期工作及接入系统设计所需资料。<br>5）用电电网相关资料（仅适用于大工业客户） | | |
| 本表中的信息及提供的文件真实、准确、谨此确认。<br><br>申请单位：（公章）<br><br>申请个人：（经办人签字）<br><br>　　　年　　月　　日 | | 客户提供的文件已审核，接入申请已受理，谨此确认。<br><br>受理单位：（公章）<br><br><br><br>　　　年　　月　　日 | |
| 受理人 | | 受理日期 | 　年　　月　　日 |

告知事项：
（1）本表信息由客服中心录入，申请单位（个人用户经办人）与客服中心签章确认。
（2）用户工程报装申请与分布式电源接入申请分开受理。
（3）分布式电源接入系统方案的制订应在用户接入系统方案审定后开展。
（4）合同能源管理项目、公共屋顶光伏项目还需提供建筑物及设施使用或租用协议。
（5）年用电量：对于现有用户，为上一年度用电量；对于新报装用户，依据报装负荷折算。
（6）本表 1 式 2 份，双方各执 1 份

**注**　对于住宅小区居民使用公共区域建设分布式电源的并网申请，需提供物业、业主委员会或居民委员会的同意建设证明。

## （二）居民分布式光伏项目所需申请资料

（1）居民家庭分布式光伏发电项目并网申请单见表 3-2。

（2）若项目建设在公寓等住宅小区的共有屋顶或场所，还应提供以下资料。

1）关于同意××居民家庭申请安装分布式光伏发电的项目同意书，见表 3-3。

2）关于同意××居民家庭申请分布式光伏发电项目开工的许可意见，见表 3-4。

3）居民光伏项目的项目同意书，见表 3-5。

（3）自然人的有效身份证明，包括身份证、军人证、护照、户口簿或公安机关户籍证明，只需其中一项即可。

（4）房屋产权证明或其他证明文书。

1）房屋所有权证、国有土地使用证、集体土地使用证。

2）购房合同。

3）含有明确房屋产权判词且发生法律效力的法院法律文书（判决书、裁定书、调解书、执行书等）。

4）若所占用场地属于农村用房等无房产证或土地证的情况，可由村委会或居委会出具房屋归属证明，见表3-6。

上述4项房屋产权证明资料只需其中一项即可。

（5）如委托代理人办理，则需提供经办人有效身份证明文件及委托书原件。

表3-2　　　　　　　　　　居民家庭分布式光伏发电项目并网申请单

| 项目编号 | | 申请日期 | | |
| --- | --- | --- | --- | --- |
| 安装地址（注明小区名） | | | | |
| 房屋产权人 | | 安装处房屋情况 | | 类型： |
| | | 类型选择：<br>独立、联体、联排、高层、小高层、多层、私房、公租房等 | 房屋总　　层，居住　　层 | |
| 联系人 | | | □安装在房屋顶层 | |
| 联系电话 | | | □安装在家庭阳台/外立面<br>□家庭其他地点： | |
| 光伏发电安装容量 | 投产规模　　　kW | 家庭供电电压 | □220V（单相） | |
| | 本期规模　　　kW | | □380V（三相） | |
| | 终期规模　　　kW | | | |
| 用电情况 | 月平均用电量　　kW | 主要用电设备 | | |
| | 月平均电费　　　元 | | | |
| 计划开工时间 | | 计划投产时间 | | |
| 发电量意向消纳方式 | □全部自用<br>□自发自用、余电上网<br>□全部上网 | | | |
| 申请人签字 | | 受理单位（公章） | | |
| 受理人 | | 受理日期 | | |

告知事项：
（1）本表信息由客服中心录入，申请经办人与客服中心签章确认。
（2）本表一式两份，双方各执一份

| 特别提醒 | 居民光伏需在并网点与逆变器之间安装专用开关，专用开关与逆变器自动并网开关实现串接方式，是确保分布式光伏发电设备和供电安全运行的双重保护措施之一。请用户自行采购经国家认证的产品，自行负责安装，专用开关必须具备过电流、过电压、防雷、失电压跳闸等功能 |
| --- | --- |
| | 对专用开关遵循"先行断开、最后恢复"的原则，即当供电线路停电检修或供电发生异常、家庭内部电气设备发生故障或异常时，请用户在第一时间及时对专用开关进行手动断开操作（即及时断开光伏发电系统），恢复送电时应待所有的用电设备恢复正常后，最后恢复专用开关合闸（即恢复光伏发电系统并网发电），达到共同保障电网供电及用户用电安全的目的 |
| 业主提供资料清单 | 用户居民身份证原件及复印件、经办人居民身份证原件及复印件 |
| | 户口本、土地证、房产证或者其他房屋产权和使用证明的原件及复印件 |
| | 在公寓等住宅小区的共有屋顶或场所建设居民光伏的，还需提供小区业主委员会出具的项目同意书、物业公司开具的开工许可意见、项目涉及屋顶或场所的所有相关居民签字的项目同意书 |

表 3-3　　　　　　　关于同意××居民家庭申请安装分布式光伏发电的项目同意书

关于同意××居民家庭申请安装分布式光伏发电的项目同意书

用户：

你家庭"关于在××小区××幢××单元屋顶申请安装××容量的分布式光伏发电的申请"及相关材料已收悉，现经××小区业主委员会讨论，意见如下：

（1）同意你家庭在××小区××幢××单元屋顶申请安装××容量的分布式光伏发电的申请报告。

（2）请严格按照国家有关分布式光伏发电项目的规定实施项目建设，并接受监督检查。

业主委员会：公章

负责人签字：

年　　月　　日

表 3-4　　　　　　　关于同意××居民家庭申请分布式光伏发电项目开工的许可意见

关于同意××居民家庭申请分布式光伏发电项目开工的许可意见

用户：

你家庭"关于在××小区××幢××单元屋顶的××容量的分布式光伏发电项目开工的申请"及相关材料已收悉，现经本小区物业公司讨论，意见如下：

（1）同意你家庭在××小区××幢××单元屋顶的××容量的分布式光伏发电项目的开工申请报告。

（2）请严格按照国家有关分布式光伏发电建设的规定实施项目建设，并接受监督检查。

（3）请严格按照本小区有关施工装修的规定做好安全措施，合理安排施工时间。

小区物业公司：公章

年　　月　　日

表 3-5　　　　　　　　　居民光伏项目的项目同意书

居民光伏项目的项目同意书

用户：

你家庭"关于申请在××地点安装××容量的分布式光伏发电的申请"及相关材料已收悉，现经我家庭讨论，得出意见如下：

（1）同意你家庭在××地点屋顶申请安装××容量的分布式光伏发电的申请报告。

（2）请严格按照国家有关分布式光伏发电建设的规定，实施项目建设，并接受监督检查。

共有屋顶业主家庭签字：

年　　月　　日

表 3-6 　　　　　　　　　　　　**房屋归属证明（模板）**

房屋归属证明（模板）

供电公司：

　　位于浙江省　　市　　县（市、区）　　乡（镇、街道）　　村（小区）的　　幢　　号房屋，其土地性质是/否集体土地、是/否宅基地，房屋依法合规建设，但无该房屋产权证明。依据《浙江省人民政府办公厅关于推进浙江省百万家庭屋顶光伏工程建设的实施意见》（浙政办发〔2016〕109号）产权归属证明材料的有关规定，特证明该房屋归属居民（身份证号：　　　　　　　　）所有，房屋归属无争议。

　　　　　　　　　　　　　　　　　　　　　　　　村委会（居委会）：公章

　　　　　　　　　　　　　　　　　　　　　　　　　　　年　　月　　日

### （三）并网咨询及受理注意事项

　　（1）电网企业应向客户提供"用电业务办理告知书"（见表3-7及表3-9），履行"一次性告知"义务。

　　（2）协助客户填写"分布式光伏发电项目并网申请表"，明确项目装机容量、意向并网电压等级、发电量消纳方式、意向并网点、项目开工投产时间等主要原则，并审核申请资料。

　　（3）客户对所提供资料的真实性、合法性、有效性、完整性做出承诺，并签订承诺书。客户申请所需资料清单见表3-8及表3-10。

表 3-7 　　　　　　**用电业务办理告知书（居民分布式电源并网服务）**

用电业务办理告知书

（适用业务：居民分布式电源并网服务）

尊敬的电力客户：

　　欢迎您来到国网浙江省电力有限公司办理用电业务！为了方便您办理业务，请您仔细阅读以下内容。

一、业务办理流程

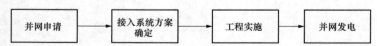

并网申请 → 接入系统方案确定 → 工程实施 → 并网发电

二、业务办理说明及注意事项

1．并网申请

请您按照"居民分布式电源客户申请所需资料清单"的要求提供申请资料。

我公司为分布式电源项目业主提供并网申请和咨询服务，并设立分布式电源并网专柜，为您提供接入系统方案的编制和咨询服务。您在收齐相关资料后，可到营业厅直接办理并网申请。

2．接入系统方案的确定

受理您的申请后，我公司将按照与您约定的时间至现场查看接入条件，并在20个工作日内答复接入系统方案。您确认的接入系统方案等同于接入电网意见函。

3．工程实施

请您按照我公司答复的接入系统方案进行建设。建议有施工资质的单位进行安装。

工程竣工后，请您及时报验，我公司自受理并网验收申请之日起，在5个工作日内完成电能计量装置的安装和发、用电合同等相关合同的签署工作。

4．并网发电

我公司在电能计量装置安装合同签署完毕后，5个工作日内组织并网验收及调试工作。对并网验收合格的，出具并网验收意见；对并网验收不合格的，提出整改方案。并网验收及调试通过后，分布式发电项目并网运行。

5. 其他事项

（1）由您出资建设的分布式电源及其接网工程，其设计单位、施工单位及设备材料供应单位完全由您自主选择。

（2）我公司为您提供居民光伏项目上网电费结算和政府补贴资金转付服务，并依据电量结算单和发票进行结算。

（3）为顺利完成结算支付，请您在并网申请时提供用于结算支付的开户银行、账户名称和账号。

（4）我公司在并网及后续结算服务中，不收取任何服务费用。对于居民分布式光伏发电项目，我公司将免费代您向政府能源主管部门进行备案。

（5）在受理您的申请书后，我公司将安排专属客户经理，为您全程提供业务办理服务。在业务办理过程中，如果您需要了解业务办理进度，可以直接与您的客户经理联系或拨打95598服务热线进行查询。

（6）光伏并网开关应具备易操作、具有明显断开指示和开断故障电流的功能。当公共电网断电时，开关应断开；当公共电网恢复供电时，开关应自动合上。

（7）光伏发电系统经电网企业验收合格后可投入运行，未经电网企业许可，不得擅自变更接线方式或对光伏发电系统进行改（扩）造。

（8）当公共电网断电或家庭内部电气设备发生故障时，请第一时间确认光伏并网开关是否在分闸位置，如果不是，应手动断开光伏并网开关。当公共电网恢复送电时，应待所有的用电设备恢复正常后，确认光伏并网开关是否在合闸位置，如果不是，应手动合上光伏并网开关。

（9）光伏发电系统运行维护检修宜委托光伏发电系统专业运行维护单位或安装单位，专业运行维护单位或安装单位的作业人员应具备相应资质。

请您对我们的服务进行监督，如有建议或意见，请及时拨打95598服务热线或登录手机App，我们将竭诚为您服务！

您可以关注公众微信"国网浙江电力"或使用掌上电力App、电e宝App。

掌上电力二维码　　　　掌上电力—企业版二维码　　　　电e宝二维码

此告知书一式两份，一份由您惠存，一份经您签名（盖章）后由我公司留存。

本告知书内容已阅读并知晓。

客户签名：

年　　月　　日

表3-8　　　　　　　　　　　　　　客户申请所需资料清单

| 业务环节 | 序号 | 资料名称 | 备注 |
|---|---|---|---|
| 业务受理 | 1 | 并网申请单：<br>（1）居民家庭分布式光伏发电项目并网申请表。<br>（2）若属于项目建设在公寓等住宅小区的共有屋顶或场所的，还应提供以下资料。<br>1）关于同意××居民家庭申请安装分布式光伏发电的项目同意书。<br>2）关于同意××居民家庭申请分布式光伏发电的项目开工的同意书。<br>3）居民光伏项目的项目同意书 | |
| | 2 | 自然人有效身份证明：身份证、军人证、护照、户口簿或公安机关户籍证明 | |
| | 3 | 房屋产权证明或其他证明文书：<br>（1）房屋所有权证、国有土地使用证、集体土地使用证。<br>（2）购房合同。 | |

续表

| 业务环节 | 序号 | 资 料 名 称 | 备注 |
|---|---|---|---|
| 业务受理 | 3 | （3）含有明确房屋产权判词且发生法律效力的法院法律文书（判决书、裁定书、调解书、执行书等）。<br>（4）若属农村用房等无房屋产权证或土地证的，可由村委会或居委会出具房屋归属证明 | |
| | 4 | 经办人有效身份证明文件及委托书原件 | 委托代理人办理 |
| 并网验收申请 | 1 | 验收和调试申请表：居民光伏项目并网验收和调试申请表 | |
| | 2 | 主要电气设备一览表 | |
| | 3 | 主要设备技术参数和型式认证报告（包括光伏电池、逆变器、断路器、隔离开关等设备）、逆变器的检测认证报告、低压电气设备 3C 认证证书 | |
| | 4 | 光伏发电系统安装验收和调试报告 | |
| | 5 | 安装单位、试验单位的资质证明［承装（修、试）电力设施许可证］ | 容量在 400kW 以上的项目施工需提供 |

注　如无特殊说明，"客户申请所需资料"均指资料原件。

**表 3-9**　　　　　　**用电业务办理告知书（非居民分布式电源并网服务）**

用电业务办理告知书<br>（适用业务：非居民分布式电源并网服务）

尊敬的电力客户：

欢迎您到国网浙江省电力有限公司办理用电业务！为了方便您办理业务，请您仔细阅读以下内容。

一、业务办理流程

二、业务办理说明及注意事项

1．并网申请

请您按照"非居民分布式电源客户申请所需资料清单"的要求提供申请资料。

我公司为分布式电源项目业主提供并网申请和咨询服务，并设立分布式电源并网专柜，为您提供接入系统方案的编制和咨询服务。您在收齐相关资料后，可到营业厅直接办理并网申请。

2．接入系统方案的确定

受理您的申请后，我公司将按照与您约定的时间至现场查看接入条件，并在规定期限内答复接入系统方案。第一类❶项目 40 个工作日（其中，分布式光伏发电单点并网项目 20 个工作日，多点并网项目 30 个工作日）内答复接入系统方案，第二类❷项目 60 个工作日内答复接入系统方案。您在确认后，可根据接入系统方案及接入电网意见函开展项目核准（备案）和工程设计等工作。

3．设计文件审核

由您出资建设的分布式电源及其接网工程，您可自行委托具备资质的设计单位，按照我公司答复的接入系统方案开展工程设计。对于 380V/220V 多并网点接入或 10kV 及以上接入的分布式电源项目，在设计完成后，请您及时提交设计文件，我公司将在 10 个工作日内完成审查并答复意见。

设计审查通过后，您可以根据答复意见开展接网工程建设等后续工作。若审查不通过，我公司将提出具体的修改方案，您应修改完毕并经我公司确认、通过后方可开展工程建设等后续工作。

4．工程实施

请您按照我公司答复的接入系统方案进行建设。

工程竣工后，请您及时报验，我公司自受理并网验收申请之日起，在 10 个工作日内完成电能计量装置的安装和发、用电合同、并网调度协议等相关合同的签署工作。

5．并网发电

我公司在电能计量装置安装合同和协议签署完毕后：380V/220V 电压等级接入的分布式电源，在 10 个工作日内完成

---

❶　本书中第一类指 10（20）kV 及以下电压等级接入，且单个并网点总装机容量不超过 6 MW 的分布式光伏发电。

❷　本书中第二类指 10（20）kV 电压等级接入，单个并网点总装机容量超过 6 MW，且有自发自用电量（非全部上网）的分布式光伏发电；或 35kV 电压等级接入，且有自发自用电量（非全部上网）的分布式光伏发电。

续表

并网验收与调试；10kV 及以上电压等级接入的分布式电源，在 20 个工作日内完成并网验收与调试。对并网验收合格的，出具并网验收意见；对并网验收不合格的，提出整改方案。并网验收及调试通过后，分布式发电项目并网运行。

6. 其他事项

（1）由您出资建设的分布式电源项目需政府核准（或备案）。对于分布式光伏项目，若一个项目需拆分成多个子项目，可以按子项目办理并网手续（以一个电力用户场所为最小子项目，成熟一个办理一个），并请按子项目办理政府备案手续和核价手续；若多个子项目准备打捆备案和核价，请您让政府主管部门在备案文件和核价文件中列出明细子项目内容。

（2）由您出资建设的分布式电源及其接网工程，其设计单位、施工单位及设备材料供应单位完全由您自主选择。

（3）为顺利完成结算支付，请您在并网申请时提供用于结算上网电费和发电补助的开户银行、账户名称、账号和适用税率。

（4）我公司在并网及后续结算服务中，不收取任何服务费用。

（5）在受理您的申请书后，我公司将安排专属客户经理，为您全程提供业务办理服务。在业务办理过程中，如果您需要了解业务办理进度，可以直接与您的客户经理联系或拨打 95598 服务热线进行查询。

（6）若您属于 35kV 电压等级接入，或 10kV 电压等级接入且单个并网点总装机容量超过 6MW，并且选择"全部自用"或"自发自用、剩余电量上网"发电量消纳方式，我公司将在 60 个工作日内答复接入系统方案。

（7）您可以登录中华人民共和国住房和城乡建设部网站 http：//www.mohurd.gov.cn/，查询并选择具备相应资质的设计单位；登录浙江省电力用户受电工程市场信息与监管系统 http：//202.107.201.109：8089/gcmis/base/Login/index.ao，查询并选择具有相应资质的施工、试验单位。

（8）在完成并网后，请您及时向地市级财政、价格、能源主管部门，提出纳入补助目录申请；政府相关部门批准后，请及时告知我公司，确保补助资金及时拨付到位。

（9）对于分布式光伏发电项目，请在办理并网验收申请的同时，申请纳入分布式光伏发电补助目录，我公司将协助您填写相关表格。

请您对我们的服务进行监督，如有建议或意见，请及时拨打 95598 服务热线或登录手机 App，我们将竭诚为您服务！

您可以关注公众微信"国网浙江电力"或使用掌上电力 App、电 e 宝 App。

掌上电力二维码　　　掌上电力—企业版二维码　　　电 e 宝二维码

此告知书一式两份，一份由您惠存，一份经您签名（盖章）后由我公司留存。

本告知书内容已阅读并知晓。

客户签名：<br><br>年　　月　　日

表 3-10　　　　　　　　　　　　　　客户申请所需资料清单

| 业务环节 | 序号 | 资料名称 | 备注 |
|---|---|---|---|
| 并网申请 | 1 | 并网申请单：分布式电源并网申请表 | |
| | 2 | 法人代表（或负责人）有效身份证明：身份证、军人证、护照、户口簿或公安机关户籍证明 | 提供其中一项 |
| | 3 | 法人或其他组织有效身份证明：营业执照或组织机构代码证，宗教活动场所登记证，社会团体法人登记证书，军队、武警后勤财务部门核发的核准通知书或开户许可证 | 提供其中一项 |

| 业务环节 | 序号 | 资 料 名 称 | 备注 |
|---|---|---|---|
| 并网申请 | 4 | 土地合法性支持文件，包括：<br>（1）房屋所有权证、国有土地使用证或集体土地使用证。<br>（2）购房合同。<br>（3）含有明确土地使用权判词且发生法律效力的法院法律文书（判决书、裁定书、调解书、执行书等）。<br>（4）租赁协议或土地权利人出具的场地使用证明 | 第 1～3 项提供其中一项；<br>租赁第三方屋顶时还需提供第 4 项 |
| | 5 | 经办人有效身份证明文件及委托书原件 | 委托代理人办理 |
| | 6 | 政府主管部门同意项目开展前期工作的批复 | 需核准项目 |
| | 7 | 发电项目前期工作及接入系统设计所需资料 | 多并网点 380V/220V 接入或 10kV 及以上接入项目提供 |
| | 8 | 用电相关资料，如一次主接线图、平面布置图、负荷情况等 | 接入专用变压器的用户提供 |
| | 9 | 建筑物及设施使用或租用协议 | 合同能源管理项目或公共屋顶光伏项目提供 |
| | 10 | 物业、业主委员会或居民委员会的同意建设证明 | 住宅小区居民使用公共区域建设分布式电源提供 |
| 接网工程设计审查 | 1 | 项目核准（或备案）文件 | 需核准（或备案）项目 |
| | 2 | 若委托第三方管理，提供项目管理方资料（工商营业执照、与客户签署的合作协议复印件） | 项目委托第三方管理提供 |
| | 3 | 设计单位资质复印件 | |
| | 4 | 接网工程初步设计报告、图纸及说明书 | |
| | 5 | 主要电气设备一览表 | |
| | 6 | 继电保护方式 | |
| | 7 | 电能计量方式 | |
| | 8 | 通信系统方式 | |
| | 9 | 项目可行性研究报告 | 380V/220V 多并网点接入项目不提供 |
| | 10 | 隐蔽工程的设计资料 | |
| | 11 | 高压电气装置一、二次接线图及平面布置图 | |
| | 12 | 自动化系统相关资料（远动信息表、电量信息表、监控系统和远动系统设计资料和技术资料） | 并网调度项目提供 |
| 并网验收及调试 | 1 | 并网验收申请单：<br>（1）分布式电源并网调试和验收申请表。<br>（2）联系人资料表 | |
| | 2 | 施工单位资质，包括承装（修、试）电力设施许可证、建筑企业资质证书、安全生产许可证 | |
| | 3 | 光伏组件、逆变器的由国家认可资质机构出具的检测认证证书及产品技术参数；低压配电箱柜、断路器、隔离开关、电缆等低压电气设备 3C 认证证书；升压变压器、高压开关柜、断路器、隔离开关等高压电气设备的型式试验报告 | |
| | 4 | 并网前单位工程调试报告（记录） | 220V 项目不提供 |

| 业务环节 | 序号 | 资料名称 | 备注 |
|---|---|---|---|
| 并网验收及调试 | 5 | 并网前单位工程验收报告（记录） | |
| | 6 | 并网前设备电气试验、继电保护整定、通信联调、远动信息、电能量信息采集调试记录 | 远动信息并网调度项目需提供 |
| | 7 | 并网启动调试方案 | 35kV项目、10kV旋转电机类项目提供 |
| | 8 | 项目运行人员名单（及专业资质证书） | 35kV项目、10kV旋转电机类和10kV逆变器类项目提供 |
| | 9 | 等级保护测评报告和电力监控系统安全防护方案 | 并网调度项目提供 |

注　1. 如无特殊说明，"客户申请所需资料"均指资料原件。
　　2. 380V/220V多并网点接入项目和10kV及以上接入项目需提交设计文件资料。

## 二、现场查勘

电网企业在正式受理客户并网申请后，将受理信息传递到服务调度班组，服务调度班组通过电话等方式与用户预约上门查勘的具体时间，预约工作在受理客户并网申请后1个工作日内完成。预约完成后，由服务调度班组填写相关预约信息，并根据客户申请项目的地址区域信息，选择相应的营销部门，完成服务调度预约的人工服务派工。

电网企业查勘人员在收到相关的服务调度预约信息后，按时组织公司运检部门、调度部门、信通部门（班组）、经研所等部门（单位）或者班组人员开展现场查勘工作。现场查勘前，查勘人员应预先了解待查勘地点的现场供电条件，对申请并网的光伏客户，应查阅客户的相关用电档案等信息资料。

现场查勘的主要内容：核实分布式电源项目的建设规模（本期、终期）、开工时间、投产时间、意向并网电压等级、消纳方式等信息，查勘用户用电情况、电气主接线、装机容量等现场供、用电条件。结合现场供、用电条件，初步提出并网电压等级、并网点设置、计量方案、计费方案、产权分界点、接入点等接入系统方案的各项要素，对业主并网申请的各项要素的合理性进行分析。如业主并网申请的相关要求与实际不符，应在查勘意见中说明原因，并向客户做好解释工作，提出相关的修改建议。

现场查勘结束后，查勘人员将根据实际情况填写"现场勘查单"，并由客户签字确认。

受理申请后，电网企业应积极开展现场查勘工作，现场查勘工作应在受理并网申请后2个工作日内完成。

# 第三节　接入系统方案的制订与审查

## 一、分布式光伏接入系统方案的编制

电网企业地市公司经研所负责按照国家、行业、地方及企业相关技术标准，依据《分布式电源接入系统典型设计—光伏发电典型设计方案》（国家电网发展〔2013〕625号）所列的8种光伏发电单点接入系统的典型设计方案和5种光伏发电组合接入系统的典型设计方案，结合现场查勘结果、项目业主相关光伏组件、逆变器设备选型，确定并网电压等级和导线截面的选择，明确具体的接入方案，确定继电保护、系统调度及自动化、系统通信、电能计量、断路器类型、避雷及接地保护装置等系统一、二次方案及设备选型，明确设备清单及各项设备投资人，完成接入系统方案的编制。

电网企业经研所要求在10个工作日完成第一类单点并网项目的接入系统方案的编制工作，在20个工作日完成第一类多点并网项目的接入系统方案的编制工作，在50个工作日内完成第二类项目的接入系统方案的编制工作。

380/220V接入的光伏项目接入方案送电网企业属地单位营销部门，10（20）kV接入的光伏项目接入方案送电网企业属地单位发展部门，35kV电压等级接入的光伏项目接入方案送电网企业地市单位发展部门。

## 二、分布式光伏接入系统方案评审

380/220V接入电网的光伏项目，接入方案由电网企业地市公司或县公司营销部门组织发展部门、运检部门、调度部门、信通部门（班组）、经研所等部门、班组评审接入系统方案，出具评审意见。10（20）kV接入电网的光伏项目，接入方案由电网企业地市公司或县公司发展部门组织营销部门、运检部门、调度部门、信通部门（班组）、经研所等部门、班组评审接入系统方案，出具评审意见和接入电网意见函。35kV接入电网的光伏项目，接入方案由电网企业地市公司发展部门组织营销部门、运检部门、调度部门、信通部门（班组）、经研所等部门、班组评审接入系统方案，出具评审意见和接入电网意见函。对于多点并网项目，按并网点最高电压等级确定组织审查部门，评审意见和接入电网意见函均应在经研所提交接入方案后5个工作日内出具。

## 三、分布式光伏接入系统方案的确认及答复

电网企业地市公司或县公司营销部门负责在3个工作日内将380/220V接入电网的光伏项目接入方案确认单（附接入方案），35kV、10/20kV及以上电压等级接入的光伏项目接入方案确认单（附接入方案），以及接入电网意见函（见表3-12）告知项目业主。

380/220V接入项目，项目业主确认接入系统方案后，电网企业营销部门负责将接入系统方案确认单及时抄送本单位发展部门、财务部门、运检部门、调度部门。项目业主根据确认的接入系统方案开展项目核准（或备案）和工程建设等工作。35kV接入项目、10kV接入项目，项目业主确认接入系统方案后，电网企业营销部门、发展部门分别负责将接入系统方案确认单（见表3-11）、接入电网意见函（见表3-12），及时抄送地市公司营销部门、发展部门、财务部门、运检部门、调度部门、信通公司，并报省公司发展部备案。项目业主根据接入电网意见函开展项目核准（或备案）和工程设计等工作。

电网企业为居民分布式光伏发电项目提供项目备案服务。对于居民分布式光伏发电项目，地市公司或县公司发展部门收取居民分布式光伏发电项目统计表后，根据当地能源主管部门的项目备案管理办法，按月集中代居民项目业主向当地能源主管部门进行项目备案，备案文件抄送本单位财务部门、营销部门。

**表 3-11**　　　　　分布式电源接入系统方案项目业主（用户）确认单

分布式电源接入系统方案项目业主（用户）确认单

公司（项目业主）：

你公司（项目业主）项目接入系统申请已受理，接入系统方案已制订完成，现将接入系统方案、接入电网意见函（适用于 35kV 接入项目、10kV 接入项目）告知你处，请收到后确认并签字，并将本单返还客户服务中心。若有异议，请到客户服务中心咨询。

项目单位：　　　　（公章）客户服务中心：　　　　（公章）

项目个人：　　　（经办人签字）　　年　月　日

**表 3-12**　　　　　　**分布式电源项目接入电网意见函**

分布式电源项目接入电网意见函

公司（项目业主）：

你公司（项目业主）项目接入系统方案已制订并经你方确认。经研究，同意该项目接入电网，具体意见如下：

（1）项目本期规模为　　kW，规划规模为　　kW。经双方商定，本项目电量的结算原则为全部自用/自发自用、剩余电量上网。

（2）该项目本期接入系统方案（详见附件）为按并网点逐个描述接入系统方案。

（3）请按此方案开展项目相关设计、施工等后续工作。

（4）项目主体工程和接入系统工程完工后，请前往客户服务中心申请并网调试和验收服务。

（5）本意见函可作为项目核准（或备案）支持性文件之一，文件有效期 1 年。

电力公司（公章）

年　　月　　日

# 第四节　并网工程设计与建设

项目业主投资建设的光伏本体电气工程（简称并网工程）设计，由项目业主委托有相应资质的设计单位按照答复的接入方案开展。

380/220V 多点并网项目，35kV 和 10（20）kV 电压等级接入的光伏项目，应由电网企业组织设计文件审查。项目归属地营销部门接受并查验项目业主提交的设计资料，组织发展部门、运检部门、建设部门、经研所、调度部门、信通公司等部门（单位），依照国家、行业等相关标准及批复的接入方案，审查初步设计文件，并在受理项目业主申请后 10 个工作日内出具审查意见。

380/220V 单点并网项目，业主可委托电网企业或自行组织设计审查；设计文件自行组织设计审查的，项目业主应保证设计文件符合国家、行业标准，符合安全规程的要求，符合国家有关规定。

因项目业主自身原因需要变更接入工程设计的，应将变更后的设计文件再次送审，审查通过后方可实施。

接入公共电网的光伏项目，接入工程及接入引起的公共电网改造部分由电网企业投资建设。接入用户内部电网的光伏项目，接入工程由项目业主投资建设，接入引起的公共电网改造部分由电网企业投资建设。

电网企业投资建设的光伏接入配套工程，建设和管理责任单位为项目归属地供电公司。光伏接入配套工程建设应开辟绿色通道，简化程序，保证物资供应、工程进度、工程质量，确保光伏项目安全、可靠、及时接入电网。

地市公司或县公司负责分布式光伏接入引起的公共电网改造工程。对于未纳入年度综合计划的公共电网改造工程，地市公司或县公司运检部门提出投资计划建议汇总至本单位发展部，发展部安排投资计划并报省公司发展部、财务部备案。工作时限为 20 个工作日。做到工程同步实施、同步投入运行，满足客户接电需求，满足分布式光伏接入电网需求。

项目业主投资建设的接入工程可自行选择设计、施工及设备材料供应单位。承揽接入工程施工的单位应具备政府主管部门颁发的承装（修、试）电力设施许可证、建筑业企业资质证书、安全生产许可证。设备选型应符合国家安全、节能、环保要求，选用可实现与电网侧互联互通的通信设备。装机容量 400kW 以下的分布式光伏发电项目可不提供相关施工单位的资质证明。

## 一、380/220V 多并网点项目设计审查需提供的材料

（1）备案或核准文件（需备案或核准核目）。

（2）若委托第三方管理，提供项目管理方资料（工商营业执照、与用户签署的合作协议复印件）。

（3）设计单位资质复印件。

（4）接入工程初步设计报告、图纸及说明书。

（5）主要电气设备一览表。

（6）继电保护方式。

（7）电能计量方式。

（8）通信系统方式。

## 二、35kV 项目和10kV 项目设计审查需提供的材料

（1）备案或核准文件（需备案或核准核目）。

（2）若委托第三方管理，提供项目管理方资料（工商营业执照、与用户签署的合作协议复印件）。

（3）设计单位资质复印件。

（4）接入工程初步设计报告、图纸及说明书。

（5）主要电气设备一览表。

（6）继电保护方式。

（7）电能计量方式。

（8）通信系统方式。

（9）项目可行性研究报告。

（10）隐蔽工程的设计资料。

（11）高压电气装置一、二次接线图及平面布置图。

（12）自动化系统相关资料，即远动信息表、电量信息表、监控系统及远动系统设计资料和技术资料，由并网调度项目提供。

分布式电源设计审查结果通知单见表3-13。

**表 3-13** 分布式电源设计审查结果通知单

分布式电源设计审查结果通知单

| 项目编号 | | 申请日期 | 年 月 日 |
|---|---|---|---|
| 项目名称 | | | |
| 项目地址 | | | |
| 项目类型 | □光伏发电　□天然气三联供　□生物质发电　□风电<br>□地热发电　□海洋能发电　　□资源综合利用发电（含煤矿瓦斯发电） | | |
| 项目投资方 | | | |
| 项目联系人 | | 联系人电话 | |
| 联系人地址 | | | |
| 业务性质 | □　新建<br>□　扩建 | 并网点 | 个 |
| 本期装机规模 | | 接入方式 | T接　　个<br>专用线路接入　个 |
| 审查内容和结果 | | | |
| | | | 审查单位：（公章）<br><br>年　月　日 |
| 告知事项：<br>（1）若设计变更，应将变更后的设计文件再次送审，通过审核后方可进行施工。<br>（2）承揽电气工程的施工单位应符合《承装（修、试）电力设施许可证管理办法》的规定，具备政府有权部门颁发的承装（修、试）电力设施许可证，依据审核通过的图纸进行施工 | | | |

# 第五节　受理并网验收申请

光伏项目并网工程施工完成后，项目业主向电网企业地市公司或县公司营销部门提出并网验收与调试申请，受理人员接受并查验项目业主提交的相关资料，审查合格后方可正式受理。受理申请后，地市公司或县公司营销部门在2个工作日内将相关申请信息抄送发展部门、运检部门、调度部门、信通公司等相关部门（单位）。

## 一、居民分布式光伏项目并网调试和验收需提供的材料

（1）主要电气设备一览表。

（2）主要设备技术参数和型式认证报告（包括光伏电池、逆变器、断路器、隔离开关等设备）、逆变器的检测认证报告、低压电气设备 3C 认证证书。

（3）光伏发电系统安装验收和调试报告。

## 二、非居民分布式光伏项目并网调试和验收需提供的材料

（1）施工单位资质，包括承装（修、试）电力设施许可证、建筑企业资质证书、安全生产许可证。

（2）光伏组件、逆变器的由国家认可资质机构出具的检测认证证书及产品技术参数；低压配电箱柜、断路器、隔离开关、电缆等低压电气设备 3C 认证证书；升压变压器、高压开关柜、断路器、隔离开关等高压电气设备的型式试验报告。

（3）并网前单位工程调试报告（记录）（220V 项目不提供）。

（4）并网前单位工程验收报告（记录）。

（5）并网前设备电气试验、继电保护整定、通信联调、远动信息、电能量信息采集调试记录（远动信息并网调度项目需提供）。

（6）并网启动调试方案（35kV 项目提供）。

（7）项目运行人员名单及专业资质证书（35kV 项目、10kV 项目提供）。

（8）等级保护测评报告和电力监控系统安全防护方案（并网调度项目提供）。

分布式电源并网调试和验收申请单见表 3-14。居民光伏项目并网调试和验收申请单见表 3-15。

表 3-14 　　　　　　　　　　　分布式电源并网调试和验收申请单

分布式电源并网调试和验收申请单

| 项目编号 | | 申请日期 | 年　　月　　日 |
|---|---|---|---|
| 项目名称 | | | |
| 项目地址 | | | |
| 项目类型 | □光伏发电□天然气三联供□生物质发电□风电<br>□地热发电□海洋能发电□资源综合利用发电（含煤矿瓦斯发电） | | |
| 项目投资方 | | | |
| 项目联系人 | | 联系人电话 | |
| 联系人地址 | | | |
| 并网点 | 个 | 接入方式 | T接　　　　　个<br>专用线路接入　　个 |
| 计划验收完成时间 | 年　　月　　日 | 计划并网调试时间 | 年　　月　　日 |
| 并网点位置、电压等级、发电机组（单元）容量简单描述 | | | |

| 并网点 1 | |
|---|---|
| 并网点 2 | |
| 并网点 3 | |
| 并网点 4 | |
| 并网点 5 | |
| ... | |

| 　本表中的信息及提供的资料真实、准确，单位工程已完成并网前验收、调试，具备并网调试条件，谨此确认。<br><br>　　　　　　　申请单位：（公章）<br><br>　　　　　　　申请个人：（经办人签字）<br>　　　　　　　　　　　年　月　日 | 客户提供的资料已审核，并网申请已受理，谨此确认。<br><br><br><br>　　　　　　　　　　受理单位：（公章）<br>　　　　　　　　　　　年　月　日 |
|---|---|

| 受理人 | | 受理日期 | 年　月　日 |
|---|---|---|---|

告知事项：
(1) 具体调试时间将电话通知项目联系人。
(2) 本表一式两份，双方各执一份

**表 3-15　　　　　　　　　居民光伏项目并网调试和验收申请单**

居民光伏项目并网调试和验收申请单

| 项目编号 | | 申请日期 | 年　月　日 | |
|---|---|---|---|---|
| 项目名称 | | | | |
| 项目地址 | | | | |
| 项目投资人 | | | | |
| 项目联系人 | | 联系人电话 | | |
| 联系人地址 | | | | |
| 接入方式 | □接入用户侧<br>□接入公共电网 | 并网点 | □用户侧　　个<br>□公共电网　　个 | |
| 计划<br>验收完成时间 | 年　月　日 | 计划<br>并网调试时间 | 年　月　日 | |
| 并网点位置、电压等级、发电机组（单元）容量简单描述 | | | | |
| 并网点 1 | | | | |
| 并网点 2 | | | | |
| 并网点 3 | | | | |
| 　本表中的信息及提供的资料真实准确,光伏本体工程已完成并网前验收、调试，具备并网调试条件，谨此确认。<br><br><br><br><br><br><br>　　　　　　申请人：（申请人签字）<br>　　　　　　　　　年　月　日 | 用户提供的资料已审核，并网申请已受理，谨此确认。<br><br><br><br><br><br><br>　　　　　　　　受理单位：（公章）<br>　　　　　　　　　年　月　日 | | | |

续表

| 受理人 | | 受理日期 | 年    月    日 |
|--------|--|----------|----------------|

告知事项：
（1）本表一式两份，双方各执一份。
（2）具体调试时间将电话通知项目联系人

# 第六节　合同与协议签订

## 一、购售电合同签订

并网验收及并网调试申请受理后，电网企业地市公司或县公司营销部门负责与项目业主办理 380/220V 接入项目的购售电合同签订工作，工作时限为 5 个工作日，签订的合同抄送本单位财务部门。电网企业地市公司或县公司营销部门负责与项目业主办理 35kV、10（20）kV 接入项目的购售电合同签订工作，工作时限为 10 个工作日，签订的合同抄送本单位财务部门、调度部门。

非居民光伏合同签订暂参照《国家能源局、国家工商行政管理总局关于印发风力发电场、光伏电站购售电合同示范文本的通知》（国能监管〔2014〕331 号）执行。居民光伏合同签订参照《居民光伏发电项目发用电合同》（浙电法字〔2014〕11 号）执行。

## 二、并网调度协议签订

纳入调度管辖范围的项目，电网企业地市公司或县公司调度部门应同步完成并网调度协议的签订工作，工作时限为 10 个工作日。未签订并网相关合同协议的，不得并网接电。

光伏发电项目签订并网调度协议、购售电合同后，必须在 10 个工作日内由电网企业地市公司或县公司调控部门、营销部门分别向国家能源局派出机构备案。其中，居民光伏合同文本不备案，采用表格形式报送，按合同编号归档。

# 第七节　计量与收费

光伏项目所有的并网点及与公共电网的连接点均应安装具有电能信息采集功能的计量装置，以分别准确计量光伏项目的发电量和用电客户的上、下网电量。与公共电网的连接点安装的电能计量装置应能够分别计量上网电量和下网电量。与电网企业有贸易结算的关口电能计量装置由电网企业出资采购安装。

自受理并网验收与调试申请之日起，电网企业地市公司或县公司营销部门负责安装关口电能计量装置。10kV 及以上接入光伏项目为 10 个工作日，380V/220V 接入光伏项目为 5 个工作日。

# 第八节　并网验收与调试

## 一、并网验收与调试

项目业主投资建设的并网电气工程及接入工程，由电网企业地市公司或县公司营销部门组织并网验收与调试，发展部门、运检部门、调度部门、信通公司等相关部门（单位）参与验收与调试，并负责各自专业领域内的验收与调试。电网企业投资建设的光伏接入配套工程，由电网企业地市公司或县公司运检部门组织验收与调试。

自受理并网验收与调试申请之日起，电网企业地市公司或县公司调度部门在 5 个工作日内拟定 10kV 接入电网的光伏项目并网启动方案，并提供给电网企业地市公司或县公司营销部门。

自关口电能计量装置安装完成之日起，电网企业地市公司或县公司营销部门在规定时间内组织完成并网验收与调试，出具并网验收意见。10kV 及以上接入光伏项目为 10 个工作日，380/220V 接入光伏项目为 5 个工作日。

对验收与调试合格且合同已签订的项目，可直接转入并网运行；对验收与调试不合格的项目，电网企业地市公司或县公司营销部门组织运检部门、调度部门、信通公司等部门（单位）提出书面整改解决方案，待项目业主整改完毕后，再次组织验收与调试。

分布式电源并网验收意见单见表 3-16。居民光伏项目并网验收意见单见表 3-17。

表 3-16　　　　　　　　　　　分布式电源并网验收意见单

| 项目编号 | | 申请日期 | 年　　月　　日 |
|---|---|---|---|
| 项目名称 | | | |
| 项目地址 | | | |
| 项目类型 | □光伏发电□天然气三联供□生物质发电□风电<br>□地热发电□海洋能发电□资源综合利用发电（含煤矿瓦斯发电） | | |
| 项目投资方 | | | |
| 项目联系人 | | 联系人电话 | |
| 联系人地址 | | | |
| 主体工程<br>完工时间 | | 业务性质 | □新建<br>□扩建 |
| 本期<br>装机规模 | kW | 并网电压 | □35kV<br>□10（含 6、20）kV<br>□380（含 220）V<br>□其他 |
| 并网点 | 个 | 接入方式 | T 接　　　　个<br>专用线路接入　　个 |
| 现场验收人员填写 | | | |

续表

| 验收项目 | 验收说明 | 结论 | 验收项目 | 验收说明 | 结论 |
|---|---|---|---|---|---|
| 线路（电缆） | | | 防孤岛保护测试 | | |
| 并网开关 | | | 变压器 | | |
| 继电保护 | | | 电容器 | | |
| 配电装置 | | | 避雷器 | | |
| 其他电气试验结果 | | | 作业人员资格 | | |
| 计量装置 | | | 计量点位置 | | |
| 验收总体结论： | | | | | |
| 验收负责人签字 | | | 客户签收 | | |
| 告知事项：验收通过后，请配合电网公司开展并网运行工作 | | | | | |

表 3-17    居民光伏项目并网验收意见单

| 项目编号 | | | 项目名称 | | |
|---|---|---|---|---|---|
| 项目地址 | | | 验收日期 | | |
| 装机规模 | | | 并网电压 | □380V | □220V |
| 并网点 | □用户侧　　个 | | □公共电网　　个 | | |
| 建设方申请验收时需提供的文件材料 | | | | | |
| 项目情况 | 提供情况 | | 项目情况 | | 提供情况 |
| 主要电气设备一览表 | | | 光伏项目接入工程设计文件、图纸及说明书 | | |
| 低压电气设备3C认证证书 | | | 主要设备技术参数和型式认证报告（包括光伏电池、逆变器、断路器、隔离开关等设备）、逆变器的检测认证报告 | | |
| 光伏发电系统安装验收和调试报告 | | | 施工单位资质复印件、备案文件（若有） | | |
| 其他需说明的情况 | | | | | |
| 现场验收记录 | | | | | |
| 验收项目 | 验 收 内 容 | | | | 验收结论 |
| 光伏项目并网设备检查 | （1）检查并网开关的电气、机械性能。<br>（2）检查并网开关电气试验报告 | | | | |
| 自动化、通信装置检查 | （1）检查光伏系统运行状态、电压、电流、电量等信息的接入及联调。<br>（2）检查通信网络是否正常 | | | | |
| 计量装置检查 | （1）检查产权分界点及并网点是否安装计量装置。<br>（2）检查计量装置是否运行正常 | | | | |

| 验收项目 | 验收内容 | 验收结论 |
|---|---|---|
| 逆变器检查 | 检查逆变器测试认证报告是否具备 | |
| 电能质量监测装置检查及电能质量测试 | （1）检查公共连接点是否安装电能质量监测装置。<br>（2）检查电能质量测试指标是否满足要求 | |
| 功率因数测试 | 通过并网点计量装置读取光伏发电系统的功率因数，220V/380V并网，功率因数在0.98（超前）～0.98（滞后）范围内 | |
| 逆功率保护测试 | 选择自发电就地消纳、余电不上网方式时，应配备逆功率保护装置。切除本地负载，使光伏输出功率远大于本地负载，测试光伏接入点处出现逆功率时，分布式电源互连接口与配电网断开的逆功率幅值和断开时间。逆功率幅值误差应在2%之内，断开时间应小于0.2s | |
| 防孤岛保护和并网开关试验 | 切断用户进户线电网侧开关，检查并网点开关和逆变器是否断开，若正常断开，则并网开关低电压跳闸和逆变器防孤岛保护功能测试正常 | |
| 验收总体结论： | | |
| 验收人员签字： | 项目申请人签字： | |
| 告知事项：验收通过后，请配合电网企业开展并网调试工作 | | |

## 二、资料归档

光伏项目并网后，电网企业地市公司或县公司营销部门应将客户并网申请、接入方案、接入电网意见函、设计文件、并网验收意见、购售电合同等并网服务流程产生的资料整理归档。光伏项目的档案应单独放置，按照一户一档的原则进行归档和保存。所有档案纳入智能客户档案管理系统进行管理。

# 第九节　电费结算

上、下网电量按国家规定的上网电价和销售电价分别计算购、售电费。

分布式光伏客户应与用电户设在同一抄表区，电网企业地市公司或县公司营销部门负责按合同约定的结算周期抄录分布式光伏发电项目的上网电量和发电量，计算应付上网电费和补贴资金。居民分布式光伏发票由电网企业代开；非居民分布式光伏项目电费发行后，应及时将结算数据告知客户，并通知、指导客户按时、规范地开具发票。

财务部门按月支付居民分布式光伏项目和非居民分布式光伏项目的上网电费和补助资金。支付成功后，财务部门应每月将上网电费和补助资金的支付情况反馈营销部门。

# 第四章

# 分布式光伏发电用户管理

分布式光伏发电用户管理属于电网企业近期出现的新型业务，相关管理仍处于摸索阶段，在实际业务的运转过程中出现了较多难点和疑问。因此，为了适应日渐增长的用户群，本章在该领域内进行深层次的研究、探索，梳理分布式光伏并网后的服务经验，在分布式光伏抄核发行管理、分布式光伏用户的安全管理及运行维护等方面，力求将精益化管理的理念融入该项业务。

## 第一节　分布式光伏抄核发行管理

全面应用集中自动抄表、集中智能核算、集中统一结算电费的分布式光伏电费结算管理模式，实现分布式光伏电量电费抄核发行及账务管理全过程管控，提升分布式光伏电量电费结算管理的工作效率，保障电费结算的资金安全，确保分布式光伏上网电费及补贴准确、足额发放。

### 一、分布式光伏抄表工作

分布式光伏抄表与常规用电客户抄表工作基本一致，即抄表员对电能计量装置利用各种方式进行电量的抄录，并按《国家电网公司电费抄核收管理规则》及业务流程，处理各类异常信息，进行现场补抄、异常核抄、周期核抄等工作。

**（一）抄表方式**

抄表是对客户电量统计的电能表信息的采集，主要有以下 3 种方式。

（1）传统人工方式：抄表人员手持抄表卡（册）上门到各客户装表位置，抄录电能表显示的数据。传统人工方式已经被全自动化方式所取代，仅在发电客户检查中使用。

（2）半自动化方式：抄表人员手持抄表器上门到各客户装表位置，抄录电能表显示的数据。半自动化方式一般用在发电客户电能表核抄工作中。

（3）全自动化方式：抄表人员在办公地点通过微波、通信系统采集电能表数据。国网浙江省电力有限公司所属单位已经实现营销系统集中抄表全覆盖。

**（二）分布式光伏抄表的工作内容与要求**

分布式光伏按规定的抄表周期和抄表例日准确抄录客户电能计量装置记录的数据，并开展周期核抄工作，不得估抄、漏抄、代抄或人为更改抄表数据。抄表段设置应遵循抄表效率最高原则，综合考虑用电客户及关联的分布式光伏发电客户类型、抄表例日、抄表方式、地理分布、客户数量、便于管理等因素，并执行以下规定。

（1）抄表周期为每月一次。分布式光伏发电客户应在接电后一个抄表周期内完成抄表。并网时间在抄表例日前，应在本月完成抄表；并网时间在抄表例日当天及以后，应在次月完成抄表。

（2）有关联用电户号的分布式光伏发电新装用户，应并入用电户号所在的抄表段内，"自发自用、余量上网"的分布式光伏发电客户同时抄录上网电量、下网电量、总发电量。"全额上网"的分布式光伏发电客户应同时抄录上网电量、下网电量。

（3）抄表段一经设置，应相对固定。新建、调整、注销抄表段，须履行审批手续。

（4）分布式光伏发电客户跨抄表段调整，须履行审批手续，并应不影响分布式光伏发电客户的正常电费计算。

（5）严肃抄表纪律，严格按规定的抄表周期和抄表例日准确抄录分布式光伏发电计量装置记录的数据。

（6）抄表计划应由营销业务管理系统自动生成，并建立相应的检查与复核机制。

（7）抄表数据应优先使用系统自动获取的抄表例日当天（0时）的数据；当天数据无法获取时，可以暂用抄表例日前两天内的数据作为结算示值。

（8）对自动抄表时系统无法获取抄表数据的用户，应发起现场补抄流程。

（9）建立统一的模板和审核规则，实现智能示数复核。对示数复核过程中发现的异常，应及时发起现场核抄流程进行核对，对确有问题的数据应及时进行数据修正，做好记录，并由工作人员签名确认。

（10）现场补抄、现场核抄应使用专用抄表设备，抄表示数应采用红外等方式自动读取，只有当自动读取数据失败时方可手工抄录。对用现场红外等方式自动读取数据失败的客户，应在现场抄表后5个工作日内完成异常的处理工作。

（11）现场补抄、核抄的结果应以月为单位形成统计、分析报告，并作为营销综合稽核的重点内容。

（12）采用自动方式抄表的客户，应开展周期核抄工作。周期核抄工作应包括计费电能表示数的获取及核对、现场计量装置的异常检查，对周期核抄发现的重大问题，应立即报责任部门处理。

（13）客户抄表示数复核结束后，电费核算人员应在24h内完成电量电费审核和电费发行工作。若有异常，经审批后最长可推迟到48h。电量电费审核的重点应针对上网电量大于发电量、财政补贴与上网电价不符合分布式光伏发电客户的发电类型、电量电费突变等异常情况。

（14）由于抄表差错、计费参数错误、计量装置故障、财政补贴与上网电价不符合分布式光伏发电客户的发电类型等原因，需要退补电量电费时，应在当月发起电量电费退补流程，经审批后参与电费计算。

## 二、分布式光伏电费核算工作

分布式光伏电费核算是光伏发电电费结算的重要环节，主要包括辖区内"自发自用、余电上网""全额上网"的发电客户的电量电费计算、审核和发行，并按《国家电网公司电费抄核收管理规则》及业务流程，处理各类异常信息，进行发电电量电费退补等工作。

### （一）分布式光伏电费核算的工作内容

（1）应在抄表数据复核后24h内完成电量电费计算工作。

（2）计算过程中出现异常时，应及时联系营销业务应用系统运行维护人员处理。

（3）电费计算参数复核的主要内容包括客户户名、消纳方式、并网容量、并网电压、执行电价、计量方式、综合倍率、线损电量、变压器损耗及其他需要复核的计费参数。

（4）电费核算人员应在电能计量装置示数复核后 48h 内完成电费复核。

（5）复核要求：对新装发电、变更发电、电能计量装置变更的客户，对其业务流程处理完毕后的首次电量电费计算（包括后台电费）应进行逐户复核；对电量异常（发电量小于上网电量、发电量偏离理论值）及各类特殊发电方式（多点并网等）客户也应重点复核；对涉及电费计算的各类计费参数和退补、违约发电、窃电等电量电费处理方式的正确性检查，并对平均电价过高或过低、发电电量波动异常、零电量等异常情况进行重点复核；在电价政策调整、数据编码变更、营销业务应用系统软件修改、营销业务应用系统故障等事件发生后，应对电量电费进行试算并对各消纳方式、各电压等级的客户分别抽取不少于 10 户进行重点复核。

（6）对电量电费复核过程中发现的异常应发起核查流程或工单，根据不同异常类型发送至抄表、营业、装接、采集等责任班组进行核查。责任班组应立即进行异常核实处置，并反馈核查结果和处置意见至电费核算班。

（7）对核算过程中发现的异常及处置情况应做好详细记录，并按月汇总形成复核报告，递交相关部门。

（8）复核无误的电费应在当天完成发行。

**（二）分布式光伏新装电费审核**

（1）发电客户信息的审核。其内容包括消纳方式的审核（"自发自用、余电上网""全额上网"）、并网容量的审核（不同的容量所对应的发电理论值不同）、并网日期的审核（与首次抄表情况相符）、并网电压等级的审核。

（2）电源的审核。审核客户是否由多点进行并网，并网点接入位置的设置是否正确（用户侧/公共电网侧），审核电源类型及运行方式。

（3）计费信息的审核。不同消纳方式的客户所对应的电价也应不同，峰谷标志为否和功率因数标准为不考核。

（4）计量装置审核。

1）计量点的审核。计量点基本信息的录入正确，其中计量点用途类型、定量定比值的选择直接影响电费的计算。

2）示数类型的审核。参与电费计算的示数类型应与消纳方式匹配，"自发自用、余电上网"的发电表勾选正向总有功，上网表关联用电表勾选反向总有功；"全额上网"发电表勾选反向总有功，上网表按照定量 0 设置。

**（三）分布式光伏电量电费退补管理**

**1. 电量电费退补管理要求**

（1）电量电费退补应注重时效性，对无须与客户协商的电量电费退补，应在发现差错后的 3 个工作日内完成。

（2）违约发电、窃电引起的电量电费退补，由用电检查人员提出退补电量电费的依据和退补方案，发起电量电费退补流程。退补方案必须由用电检查班班长审核并录入。

（3）电能表故障、烧坏，电能表接线错误，电能表停走、空走、快走，电能表失电压，不停电调表等引起的电量电费退补，由责任人员或者发现人员提出电量电费退补申请，由抄表班班长、抄表班技术员或供电所营业班班长根据计量部门出具的电量电费退补依据或校验误差，经现场核实后制订并录入电量电费退补方案。

（4）抄表差错、计费参数错误、系统原因等引起的电量电费退补由责任人员或者发现人员发起退补申请流程，由抄表班班长、抄表班技术员或供电所营业班班长制订并录入电量电费退补方案。

（5）电量电费退补方案必须准确填写退补类型和具体退补原因。

## 2．电量电费退补备案工作要求

为加强电费的安全管理，提高电力营销的工作质量，保证企业的经营成果和经济效益，控制和减少电费安全责任事故，电量电费退补流程发起部门应填写纸质"电量电费退补审批单"，审批单中应详细列明退补原因、责任部门、责任人、退补方案等内容，经相关部门领导审批同意后，应妥善保存，以备日后查验。

## 3．电量电费退补审批制度

各类电量电费退补方案必须由电费核算班技术员或电费核算员复核后报各级领导，并按权限进行逐级审批；电量电费退补经审批同意后，由电费核算班核算员进行退补电费的发行；对发生电费安全责任事故及重大电费差错引起的电量电费退补，按照情形严重程度组织人员开展调查，具体按照电费抄核收工作标准执行。

# 三、分布式光伏发电电量电费发行、支付工作

分布式光伏发电电量电费发行、支付工作是并网服务的重要环节，依据国家分布式光伏文件的要求，应严格执行分布式光伏电费、补贴发放制度，做到准确、全额、按期发放电费和补贴，管理人员不得以任何借口挪用、截留分布式光伏电费、补贴资金。

## （一）分布式光伏发电电量电费发行、支付工作的主要内容

（1）按合同约定的结算周期抄录分布式光伏发电项目的上网电量和发电量，计算应付上网电费和补助资金，确保每月电费发行后，分别将自然人与非自然人分布式光伏的应付信息全部传送至财务系统。

（2）根据结算单代开自然人光伏普通发票，并及时将非自然人光伏项目结算数据告知客户，通知、指导客户按时、规范开具增值税专用发票，最后连同对应的结算单（非自然人逐户打印结算单，自然人项目可汇总打印）审核盖章后移交财务部门入账，将汇总的结算数据电子版报送财务部门。

（3）财务部门依据分布式光伏相关电价政策，审核分布式光伏项目的系统结算数据、纸质结算单及发票金额的一致性，若结算数据审核无误，进行上网电费及财政补贴支付工作。

（4）分布式光伏发电上网电量统计数据应与营销业务管理系统传递至财务管控系统的结算数据保持一致。

## （二）分布式光伏发行支付工作的基本要求

（1）资金支付应在系统中发起付款申请流程，付款审批单上的数据需与每月入账金额及发票金额保持一致，经审批后，提交出纳进行资金支付。

（2）定期完成本单位符合免税条件的分布式光伏客户普通发票代开工作。单张发票金额不应超过 3 万元人民币，录入营销系统时对应的税率应为 0；符合小规模纳税人条件的分布式光伏发电项目须在所在地税务部门开具 3%税率的增值税发票；一般纳税人分布式光伏发

电项目须开具 16%税率的增值税发票。

（3）每月定期通过转账方式及时支付自然人及非自然人光伏项目应付的上网电费和补助资金。

（4）支付成功后，应及时将上网电费和补助资金的支付情况反馈营销相关部门。

## 四、分布式光伏发电电费账务工作

### （一）受理环节的基本要求

（1）收集与结算业务相关的资料。

1）非自然人：组织机构代码证、税务登记证、开户银行许可证、营业执照（经营范围包含光伏发电）复印件并盖公章（五证合一的企业为新证）。

2）自然人：户主身份证复印件，收款人名称，收款人账号。

3）根据增值税专用发票"票、款、物三流一致"的原则，对于非自然人光伏项目，营业厅申请的供应商名称、银行收款人名称、营销系统的发电客户名称、开票单位主体应一致。自然人光伏项目无特殊情况，收款人名称应与系统内发电客户名称一致，若不一致，需由原发电客户提供委托书。

4）客户身份证复印件需正、反两面复印，复印件不失真，身份证信息清晰可辨认。

5）上述信息均为必需资料，填写时应规范、正确、无遗漏。

（2）应告知新增客户获取该光伏发电项目适用税率的渠道、流程，由客户在申请单中选择适用的税率，并签字确认，将包含客户适用税率的申请单及时移交客户经理。

（3）新增供应商的申请。组织机构代码证、税务登记证、营业执照收集齐全后（五证合一的企业为新证），宜在 3 个工作日内将供应商电子版申请单及资料电子扫描件报财务部门，经审核后，宜在 10 个工作日内将新建供应商的编码反馈申请人员。

（4）指导自然人客户填写"税务登记表"，附正、反面身份证复印件，由客户签字确认后移交营销专业部门客户经理。

### （二）光伏档案信息维护的工作要求

（1）在营销系统录入新增客户的档案信息，涉及光伏项目补助资金申报的 31 个字段信息应完整、准确，自然人光伏项目名称的命名规则应按"姓名＋容量"的方式进行统一，档案信息应在项目投产之日前补齐字段。如有变更，应实时同步至财务管控系统。

（2）高压、低压客户经理负责维护光伏项目台账，应按项目逐一整理新用户的"三证一照"、所在地能源主管部门出具的项目建设备案意见、电网企业出具的接入意见函等资料备查。

（3）定期汇总纸质版"税务登记表"及电子版"自然人分布式光伏发电项目基础信息维护表"，审核无误后，报送财务部门。

（4）定期汇总"自然人光伏项目登记备案表"报送发展策划部门。

（5）"税务登记表""自然人分布式光伏发电项目基础信息维护表"及"自然人光伏项目登记备案表"的移交档案时限应在投产之日前。

### （三）补助目录申报基本要求

（1）收集整理非自然人分布式光伏项目单位按有关规定取得的所在地能源主管部门出具的项目建设备案意见、电网企业出具的接入意见函等申报资料。若未取得项目建设备案意见，不能申请纳入分布式光伏发电补助目录。

（2）当非自然人分布式光伏项目具备并网条件后，应确保系统中该补助项目字段信息的完整性。营销业务管理系统中，所有分布式光伏项目的名称应与项目实际备案文件的名称一致。

（3）自然人分布式光伏项目由营销部门出具并网接入意见函，发展策划部向能源主管部门申请项目建设备案，在完成并网验收后，电网企业代办申请纳入分布式光伏发电补助目录。

（4）应根据能源主管部门补助目录申报批次的相关要求，在可再生能源结算系统中上报补助目录申报信息，并将导出的电子版扫描件、纸质版申报表同时报送至上级财务部门。

（5）应确保线下上报报表数据与系统中上报的补助项目个数、具体项目信息完全一致。

（6）客户经理应提醒"全额上网"项目单位与地方能源主管部门及时联系，自行做好该类项目纳入可再生能源电价附加资金补助目录的申报工作。

# 第二节　分布式光伏用户的安全管理

应当坚持安全第一、预防为主、综合治理的方针，遵守有关供电安全的法律、法规和规章，加强分布式光伏涉网电气设备安全，通过安全运行维护，确保电网安全和公共安全。

## 一、电气安全运行

### （一）低压电气设备的安全运行管理

#### 1. 低压电气设备的运行要求

（1）架空线和电缆的型号、工作电压、使用环境等应符合要求。

（2）导线的允许载流量不应小于线路的负载计算电流。

（3）三相四线制中性线的允许载流量不应小于线路中最大的不平衡负载电流。用于接零保护的中性线，其导线截面不应小于相导线截面的 50%。

（4）导线的允许载流量，应根据导体敷设处的环境温度、并列敷设根数进行校正。

（5）低压电气设备的电压、电流、容量、频率等各种运行参数符合要求。

（6）低压开关设备的灭弧装置应完好无缺。

（7）低压电气设备的外壳、操作手柄等应完好、无损伤。

（8）低压电气设备正常不带电的金属部分接地（接零）应良好。配电屏两端应与接地线或中性线可靠连接。

（9）低压开关设备动作灵活、可靠；各接触部分接触良好，无发热现象。

（10）低压电气设备的绝缘电阻符合要求。

（11）低压电气设备的安装牢固、合理且操作方便，满足安全要求。

（12）反孤岛性能满足要求。

#### 2. 分布式光伏用户档案和资料的管理

（1）设备台账。

（2）出厂试验报告及调试记录。

（3）出厂合格证明。

（4）设备的安装、使用说明书。

（5）主要设备技术参数和型式认证报告（包括光伏电池、逆变器、断路器、隔离开关等设备）、逆变器的检测认证报告、低压电气设备 3C 认证证书。

（6）安装验收和调试报告。

（7）安装验收记录。

（8）交接试验报告。

（9）设备预防性试验报告。

（10）缺陷记录，包括配电房缺陷记录、设备缺陷记录、安全工器具缺陷记录、安全防范措施缺陷记录、人员管理记录等。

（11）事故记录。

### 3．危险点分析及控制措施

（1）人身触电。

1）检查带电设备时，应与带电设备保持足够的安全距离，10kV 及以下：0.7m。

2）检查设备时，应戴好安全帽，穿工作服、绝缘鞋、靴。

3）禁止接触运行设备的外壳。

（2）摔伤、碰伤。

1）注意行走安全，上下台阶、跨越沟道或配电室门口的防小动物挡板时，防止摔、碰。

2）在夜间或者光线较暗的情况下检查设备时，应携带照明器具，且由两人同时进行，注意行走安全。

（3）意外伤人。

1）进入检查现场应做好安全防护措施。

2）禁止单人进入设备内进行检查作业，以防因无人监护而造成意外事故。

### （二）10kV 电气设备的安全运行管理

### 1．10kV 电气设备的安全运行要求

（1）导线通过的最大负荷电流不应超过其允许电流。

（2）三相导线的弧度应力求一致。

（3）杆塔构架基础完好，杆塔倾斜度符合相关规程的要求，拉线无松弛、断股和严重锈蚀现象。

（4）绝缘子良好，杆塔各部件连接牢固，螺栓完整无损，金具无变形、损伤。

（5）导线对地距离、相间距离、交叉跨越距离均符合相关规程的要求。

（6）电力电缆禁止过负载运行，其运行电压不得超过电缆额定电压的 15%。

（7）电力电缆的保护层接地应符合相关规程的要求。

（8）电力电缆头与设备连接应可靠、牢固，使用托架，避免设备受力。

（9）电力电缆的允许运行温度不得大于规定值。

（10）电力电缆的弯曲半径应符合相关规程的要求。

（11）新装电力电缆应经过试验合格后方可投入运行。

（12）变压器送电前的各类试验、各项检查项目必须合格，各项技术指标满足要求。

（13）变压器的运行电压一般不应高于 105%的额定电压。

（14）强迫油循环风冷变压器的上层油温一般不得超过 85℃，油浸风冷和自冷变压器的上层油温一般不宜超过 85℃，最高不得超过 95℃。

（15）当变压器有较严重的缺陷（如冷却系统不正常、严重漏油、有局部过热现象）或绝缘有弱点时，不宜过负载运行。

（16）运行中对变压器进行滤油、补油、换潜油泵、更换净油器的吸附剂，以及当油位异常或呼吸系统异常而打开油枕顶部密封螺母放气或放油等情况时，应将重瓦斯改投信号。

（17）断路器应在铭牌标明的额定参数范围内运行。

（18）拒绝分闸的断路器在消除故障前不得投入运行。

（19）断路器在首次投入运行前及大修后，应做跳、合闸试验及各种保护传动试验。

（20）断路器在合闸后出现三相电压不平衡时，应立即对断路器及辅助设备进行检查，必要时可断开断路器进行检查。

（21）每台断路器外露的带电部分应有明显的标相漆。

（22）断路器的分、合闸指示器应易于观察且指示正确，接线板的连接处应有监视运行温度的措施。

（23）隔离开关应在铭牌标明的额定参数范围内运行，接触部分的最高温度不能超过90℃。

（24）隔离开关闭锁应良好，操作必须严格按照操作程序执行。

（25）隔离开关通过短路电流后，应对隔离开关进行全面检查，检查支持绝缘子有无破损、损伤，引线有无松股、断股现象等。

（26）电压互感器二次侧严禁短路，电流互感器二次侧严禁开路。互感器二次侧必须可靠接地。

（27）电流互感器允许在设备最高电流下和额定电流下长期运行。

（28）电压互感器二次熔断器熔断后，应立即更换；如再次熔断，应查明故障原因，做好记录，并将失去电压可能误动的保护退出。

（29）停用电压互感器必须拔掉二次熔断器或断开二次开关。

（30）新装或大修后的互感器在投入运行前必须验收合格。

（31）运行母线无振动和摆动，引线弧垂合格，接头无过热现象。

（32）对运行中的母线绝缘子应每四年带电测试一次，检测各绝缘子串绝缘子的电压。

（33）当母线通过短路电流后，应检查支持绝缘子有无破损，穿墙套管有无损伤，母线有无松股、断股现象等。

（34）硬母线应加装适当的伸缩节，防止母线热胀冷缩对绝缘子和设备产生机械应力，接头应连接牢固。

（35）各类母线应排列整齐，相序标志清晰，相间距离应符合规定。

（36）母线铜铝连接处应采用过渡线夹，防止接点产生氧化。

（37）新安装的母线在投入运行前必须验收合格。

（38）雷电时，现场人员应远离避雷器和避雷针5m以外。雷雨过后必须检查避雷器的泄漏电流及放电计数器的指示，检查引线及接地装置有无损伤。

（39）避雷器裂纹或爆炸造成接地时，严禁用隔离开关拉开故障避雷器。

（40）避雷器的瓷质部分清洁、完整无损；导线、引线不过紧、过松，不锈蚀，无损伤；基础座和瓷套、瓷垫完整无损；避雷器泄漏电流表、放电计数器完整无损，密封良好，指示正确。

（41）接地线各连接点的接触是否良好、牢固，有无损伤、折断、腐蚀现象。

**2. 10kV 电气设备的安全检查**

（1）检查导线的接头是否接触良好，有无过热发红、严重老化、腐蚀或断脱现象；绝缘子有无污损和放电现象。

（2）检查避雷器的接地装置是否良好，接地线有无锈断情况。特别在雷雨季节到来之前，应重点检查。

（3）检查线路的负载情况。

（4）检查电缆终端及瓷套管有无破损及放电痕迹。对填充电缆胶（油）的电缆终端头，还应检查有无漏油、溢胶现象。

（5）对明敷的电缆，检查电缆外表有无锈蚀、损伤，沿线挂钩或支架有无脱落，线路上及附近有无堆放易燃、易爆及强腐蚀性物质。

（6）对暗设及埋地的电缆，检查沿线的盖板和其他覆盖物是否完好，有无挖掘痕迹，路线标志是否完整。

（7）检查电缆沟内有无积水或渗水现象，是否堆有杂物及易燃、易爆物品。

（8）检查变压器的油温是否正常，最高为 85℃；油位高低是否符合要求，油色是否正常。

（9）检查变压器外壳有无渗油、漏油现象。

（10）负荷高峰时，检查示温蜡片是否熔化，接头有无发热或变色现象。

（11）检查变压器的套管、绝缘子是否清洁，有无裂缝或放电现象。

（12）监听变压器有无异常声响或放电声。

（13）检查变压器的防爆管玻璃是否破碎，裂缝玻璃里是否有油。

（14）检查变压器外壳接地是否良好，接地线有无腐蚀、断股现象。

（15）检查充气变压器的气体压力是否正常，并使用检漏仪检测充气变压器的气体是否泄漏。

（16）检查断路器指示仪表的指示应在正常范围，若发现表计指示异常，应及时采取措施。

（17）检查断路器的瓷套应清洁，无裂纹、破损和放电痕迹。

（18）检查真空灭弧室应无异常，真空泡应清晰，屏蔽罩内颜色应无变化。在分闸时，弧光呈蓝色为正常。

（19）检查断路器的导电回路应良好，软铜片连接部分需无断片、断股现象。与断路器连接的接头接触应良好，无过热现象。

（20）检查断路器分、合闸位置与机构指示器及红、绿指示灯是否相符。

（21）检查机构箱门开启灵活，关闭紧密、良好。

（22）检查操动机构应清洁、完整、无锈蚀，连杆、弹簧、拉杆等应完整，紧急分闸机构应保持在良好状态。

（23）检查隔离开关的合闸状况是否完好，有无合不到位或错位现象。

（24）检查隔离开关的绝缘子是否清洁、完整，有无裂纹、放电现象和闪络痕迹。

（25）检查隔离开关的触头有无脏污、变形、锈蚀，触头是否倾斜；触头弹簧或弹片是否由于接触不良引起发热、发红。

（26）检查隔离开关的操作连杆及机械部分有无锈蚀、损坏，各机件是否紧固，有无歪斜、松动、脱落等不正常现象。

（27）检查连接轴上的开口销是否断裂、脱落；法兰螺栓是否紧固，有无松动现象。

（28）检查接地刀口是否严密，接地是否良好，接地体可见部分是否有断裂现象。

（29）检查防误闭锁装置是否良好；隔离开关拉、合后，检查电磁锁或机械锁是否锁牢。

（30）检查避雷器瓷套表面是否清洁，有无裂缝、破损及闪络放电现象。

（31）检查避雷器接地是否良好，有否腐蚀现象；引线及接地装置有无损伤。

（32）检查避雷针及其他构架是否良好，构架有无腐烂现象。

（33）雷雨后，检查避雷器泄漏电流及放电计数器的指示，并做好记录。

（34）检查避雷器的瓷质部分应清洁、完整无损；导线、引线不过紧、过松，不锈蚀、无损伤；铸铁胶合剂无裂痕及漆皮无脱落。

（35）检查组合式避雷器的上下管应垂直、不倾斜，基础座和瓷套、瓷垫完整无损；避雷器泄漏电流表、放电计数器完整无损，密封良好，指示正确，油漆完整，相色正确，接地良好。

（36）检查接地装置的引线应完好；检查接地装置并测量一次接地电阻，小电流接地系统的接地电阻应不大于 10Ω。

（37）检查母线引线弧垂是否符合要求，接头有无过热现象。

（38）当母线通过短路电流后，检查绝缘子有无破损，穿墙套管有无损伤，母线有无松股、断股现象等。

（39）检查母线排列是否整齐，相序标志是否清晰，相间距离是否符合规定。

（40）检查母线铜铝连接处，是否采用过渡线夹，防止接点产生氧化。

（41）检查支持绝缘子是否清洁、无破损。

（42）检查母线各相带电部分之间及带电部分对地是否有足够的绝缘距离。

（43）检查母线上应无搭挂物、断股、松股，金属构件焊接应良好，螺栓、垫圈、弹簧垫圈、锁紧螺母应齐全、可靠。

（44）检查消防用具、安全用具、工器具、仪器、仪表是否齐全、清洁、完好。

（45）检查备品、备件是否齐全、完好。

（46）检查房屋有无漏雨、渗水现象。

（47）检查建筑物和设备的基础是否牢固，有无下沉。

### 3. 10kV 客户安全用电技术管理

（1）规范安全工器具的管理。

（2）制定运行规程和安全活动制度。

（3）保存变电站技术图纸。

（4）悬挂相关的图表。

（5）建立运行记录、设备台账等。

（6）定期进行电气设备预防性试验和保护装置的试验。

### 4. 危险点分析及控制措施

（1）人身触电。

1）检查带电设备时，应与带电设备保持足够的安全距离，10kV 及以下：0.7m。

2）检查设备时，应戴好安全帽，穿工作服、绝缘鞋/靴。

3）禁止接触运行设备的外壳。

4）正常检查，不允许进入运行设备的遮栏内。

5）禁止单人进入设备内检查作业，以防因无人监护而造成意外事故。

（2）摔伤、碰伤。

1）注意行走安全，上下台阶、跨越沟道或配电室门口的防鼠挡板时，防止摔、碰。

2）及时清理杂物，保持通道畅通。

3）在夜间或者光线较暗的情况下巡视设备时，携带照明器具，且由两人同时进行，注意行走安全。

（3）设备异常情况。

1）电气设备发生故障时，应迅速转移负荷或者停电处理，防止发生意外伤人。

2）电气设备超负荷运行造成设备温度异常高等情况时，可能对设备运行及人身安全构成威胁，应迅速转移负荷或者采取停电处理，防止发生意外。

### （三）35kV 电气设备的安全运行管理

#### 1. 安全运行要求

35kV 线路、变电设备的安全运行要求可参见"10kV 电气设备的安全运行要求"。因为 35kV 电气设备电压等级较高，涉及二次设备、继电保护、自动装置及调度自动化等设备，所以 35kV 电气设备的安全运行还应注意以下几个方面。

（1）35kV 客户变电站进入电网运行时，应在入网前签订入网调度协议。

（2）电气主接线、站用电系统应按国家和电力行业标准满足电网的安全要求。

（3）主变压器中性点接地方式必须经电网调度机构审批，并严格按有关规定执行。

（4）联络线断路器遮断容量应满足电网安全要求。

（5）接地装置、接地引下线的截面积应满足热稳定校验要求。

（6）母线、断路器、电抗器和线路保护装置及安全自动装置的配置选型必须经电网调度机构审定，并能正常投入运行。

（7）远动等调度自动化相关设备，计算机监控系统应满足调度自动化有关技术规程的要求，并与一次设备同步投入运行。

（8）电力监控系统应能可靠工作。

（9）变电站至电网调度部门必须具有一个及以上可用的独立通信通道。

（10）变电站二次用直流系统的配置应符合 DL/T 5044—2014《电力工程直流电源系统设计技术规程》的技术要求。

（11）变电站应有完整的运行、检修规程和管理制度。

#### 2. 安全巡视检查内容

（1）高压组合电器（GIS）是否按规定做了检修和预防性试验。

（2）高压组合电器是否存在其他威胁安全运行的重要缺陷（如触头严重发热，断路器拒分、拒合、偷跳，$SF_6$ 系统泄漏严重，分、合闸电磁铁的动作电压偏高等）。

（3）备用站用变压器（含冷备用）的自启动容量是否进行过校核。

（4）保安电源是否可靠。

（5）站用电系统（35kV 电压等级以上）的设备是否存在威胁电网安全运行的重要缺陷。

（6）备用电源自动投入装置应经常处于良好状态，定期试验按规定进行，并记录完整。

（7）有无防止全站停电事故的措施，并予以落实。

（8）设备自投、低频、低压等装置是否能正常投入。

（9）保护盘柜及柜上的继电器、连接片、试验端子、熔断器、端子排等是否符合安全要求（包括名称、标志是否齐全、清晰），室外保护端子箱是否防水、防潮、通风、整洁。

（10）需定期测试技术参数的保护是否按规定测试，记录是否齐全、正确。

（11）继电保护装置是否有检验规程。

（12）电流互感器和电压互感器的测量精度是否满足保护的要求。电流互感器应进行10%误差校核。

（13）继电保护装置应做80%额定直流电压下的传动试验，保证在80%额定直流电压下，保护装置能够正确动作。试验内容包括对断路器跳、合闸线圈进行最低跳闸电压和最低合闸电压试验，其值应满足《继电保护及电网安全自动装置检验条例》的要求，并在80%的额定电压下进行传动。

（14）现场并网继电保护设备有无异常，投入、退出及其他动作情况的有关记录是否齐全，内容是否完整。

（15）继电保护装置的定值应正确，通知单、定值卡、装置的定值应一致。

（16）用于静态保护的交流二次电缆是否采用屏蔽电缆。

（17）直流正、负极和跳闸线隔离。

（18）电压互感器的二次星形绕组与开口三角绕组的中性线必须分开引入控制室，不能共用一根电缆芯引入控制室。

（19）远动设备（包括RTU、变送器和电厂自动化系统等）是否为通过相应质检中心检验合格的产品，是否有设备明细。

（20）远动设备（包括RTU、变送器和电厂自动化系统等）是否有可靠的接地系统，运行设备的金属外壳、框架是否与接地系统牢固、可靠地连接。

（21）远动设备是否标有规范的标志牌，连接远动设备的动力/信号电缆（线）是否整齐布线，电缆（线）两端是否有规范、清晰的标志牌。

（22）远动设备与通信设备、通信线路间是否加装防雷（强）电击装置。

（23）远动设备使用的TA端子是否采用专用的电流端子，接入运动设备的信号电缆是否采用屏蔽电缆，屏蔽层（线）是否可靠接地。

（24）是否具有远动设备检修与消除缺陷管理制度，是否有设备检修与消除缺陷记录。

### 3. 危险点分析及控制措施

（1）人身触电。

1）检查带电设备时，应与带电设备保持足够的安全距离，35kV：1m。

2）检查设备时，应戴好安全帽，穿工作服、绝缘鞋/靴。

3）禁止接触运行设备的外壳。

4）正常检查，不允许进入运行设备的遮栏内。

5）禁止单人进入设备内检查作业，以防因无人监护而造成意外事故。

（2）摔伤、碰伤。

1）注意行走安全，上下台阶、跨越沟道或配电室门口的防鼠挡板时，防止摔、碰。

2）及时清理杂物，保持通道畅通。

3）在夜间或者光线较暗的情况下巡视设备时，携带照明器具，且由两人同时进行，注意行走安全。

（3）设备异常情况。

1）电气设备发生故障时，应迅速转移负荷或者停电处理，防止发生意外伤人。

2）电气设备超负荷运行造成设备温度异常高等情况时，可能对设备运行及人身安全构成威胁，应迅速转移负荷或者采取停电处理，防止发生意外。

## 二、保证安全的组织技术措施

### （一）保证安全的组织措施

保证安全的组织措施有工作票制度、工作许可制度、工作监护制度，以及工作间断、转移和终结制度。

#### 1．工作票制度

工作票指准许在电气设备或线路上工作的书面命令，是明确安全职责、向作业人员进行安全交底、履行工作许可手续、实施安全技术措施的书面依据，是工作间断、转移和终结的手续。因此，在电气设备或线路上工作时，应按要求认真使用工作票或按命令执行。

工作票的填写与签发、工作票的使用、工作票的有效期与延期、工作票执行人员的安全责任等应符合《国家电网公司电力安全工作规程（配电部分）》的规定要求。

#### 2．工作许可制度

工作许可制度是工作许可人审查工作票中所列各项安全措施后，决定是否许可工作的制度，工作许可人在完成施工现场的安全措施后，还应完成以下手续，工作班方可开始工作。

（1）会同工作负责人到现场再次检查所做的安全措施，对具体的设备指明实际的隔离措施，证明被检修的设备确无电压。

（2）对工作负责人指明带电设备的位置和工作过程中的注意事项。

（3）和工作负责人在工作票上分别确认、签名。运行人员不得变更有关检修设备的运行接线方式。工作负责人、工作许可人任何一方不得擅自变更安全措施，工作中当有特殊情况需要变更时，应先取得对方的同意，并将变更情况及时记录在值班日志内。

#### 3．工作监护制度

工作监护制度的具体要求如下：

（1）工作票许可手续完成后，工作负责人、专责监护人应向工作班成员交代工作内容、人员分工、带电部位和现场安全措施，进行危险点告知，并履行完确认手续后，工作班方可开始工作。工作负责人、专责监护人应始终在工作现场，对工作班人员须认真监护，及时纠正其不安全的行为。

（2）所有工作人员（包括工作负责人）不许单独进入、滞留在高压室内和室外高压设备区内。若有工作需要（如测量极性、回路导通试验等），而且现场设备允许，可以准许工作班中有实际经验的一人或几人同时在他室进行工作，但工作负责人应在事前将有关安全注意事项予以详尽的告知。

（3）工作负责人在全部停电时，可以参加工作班工作。在部分停电时，只有在安全措施可靠，人员集中在一个工作地点，不致误碰有电部分的情况下，方能开始工作。工作票签发人或工作负责人，应根据现场的安全条件、施工范围、工作需要等具体情况，增设专责监护人和确定被监护的人员。专责监护人不得兼做其他工作。专责监护人临时离开时，应通知被监护人员停止工作或离开工作现场，待专责监护人回来后，被监护人员方可恢复工作。

（4）工作期间，当工作负责人因故需暂时离开工作现场时，应指定能胜任的人员临时代替，离开前应将工作现场交代清楚，并告知工作班成员。原工作负责人返回工作现场时，也应履行同样的交接手续。若工作负责人必须长时间离开工作的现场，应由原工作票签发人变更工作负责人，履行变更手续，并告知全体工作人员及工作许可人。原、现工作负责人应做好必要的交接。

### 4．工作间断、转移和终结制度

工作间断、转移和终结制度的具体要求如下：

（1）工作间断时，工作班人员应从工作现场撤出，所有安全措施保持不动，工作票仍由工作负责人执存，间断后继续工作，无须通过工作许可人。每日收工后，应清扫工作地点，开放已封闭的通路，并将工作票交回运行人员。次日复工时，应得到工作许可人的许可，取回工作票，工作负责人应重新认真检查安全措施是否符合工作票的要求，并召开现场站班会，之后方可工作。若无工作负责人或专责监护人带领，工作人员不得进入工作地点。

（2）在未办理工作票终结手续以前，任何人员不准将停电设备合闸送电。

在工作间断期间，若有紧急需要，运行人员可在工作票未交回的情况下合闸送电，但应先通知工作负责人，在得到"工作班全体人员已经离开工作地点，可以送电"的答复后方可执行，并应采取下列措施。

1）拆除临时遮栏、接地线和标志牌，恢复常设遮栏，换挂"止步，高压危险"的标志牌。

2）应在所有道路派专人守候，以便告诉工作班人员"设备已经合闸送电，不得继续工作"，守候人员在工作票未交回以前，不得离开守候地点。

（3）检修工作结束以前，若需将设备试加工作电压，应按下列条件进行。

1）全体工作人员撤离工作地点。

2）将该系统的所有工作票收回，拆除临时遮栏、接地线和标志牌，恢复常设遮栏。

3）应在工作负责人和运行人员进行全面检查无误后，由运行人员进行加压试验。

工作班若需继续工作时，应重新履行工作许可手续。

（4）在同一电气连接部分用同一工作票依次在几个工作地点转移工作时，全部安全措施由运行人员在开工前一次做完，不需再办理转移手续。但工作负责人在转移工作地点时，应向工作人员交代带电范围、安全措施和注意事项。

（5）全部工作完毕后，工作班应清扫、整理现场。工作负责人应先进行周密地检查，待全体工作人员撤离工作地点后，再向运行人员交代所修项目、发现的问题、试验结果和存在的问题等，并与运行人员共同检查设备状况、状态，有无遗留物件，是否清洁等，然后在工作票上填明工作结束时间。经双方签名后，表示工作终结。

待工作票上的临时遮栏已拆除，标志牌已取下，已恢复常设遮栏，未拉开的接地线、接地开关已汇报调度员，工作票方宣告终结。

（6）只有在同一停电系统的所有工作票都已终结，并得到值班调度员或运行值班负责人的许可指令后，方可合闸送电。

（7）已终结的工作票、事故应急抢修单应保存一年。

### （二）保证安全工作的技术措施

电气设备上安全工作的技术措施有停电、验电、接地、悬挂标志牌和装设遮栏（围栏）。

### 1. 停电

（1）工作地点，应停电的设备如下：

1）被检修设备。

2）在 35kV 及以下电压等级的设备处工作，安全距离虽大于表 4-1 的规定，但小于《设备不停电时的安全距离》的规定，同时又无绝缘挡板、安全遮栏措施的设备。

3）带电部分在工作人员后面、两侧、上下，且无可靠安全措施的设备。

4）其他需要停电的设备。

工作人员工作中的正常活动范围与带电设备的距离应小于表 4-1 的规定。

表 4-1　　　　　　　工作人员工作中的正常活动范围与带电设备的安全距离

| 电压等级（kV） | 10 及以下 | 20、35 | 63（66）、110 | 220 | 330 | 500 |
|---|---|---|---|---|---|---|
| 安全距离（m） | 0.35 | 0.60 | 1.50 | 3.00 | 4.00 | 5.00 |

注　表中未列电压对应高一档电压等级的安全距离。

（2）被检修设备停电，应把各方面的电源完全断开（任何运行中的星形接线设备的中性点，应视为带电设备）。禁止在只经断路器断开电源的设备上工作。应拉开隔离开关，手车开关应拉至试验或检修位置，应使各方面有一个明显的断开点（对于有些设备无法观察到明显断开点的除外）。与停电设备有关的变压器和电压互感器，应将设备各侧断开，防止向停电检修设备反送电。

（3）被检修设备和可能来电侧的断路器、隔离开关应断开控制电源和合闸电源，隔离开关操作把手应锁住，确保不会误送电。

（4）对难以做到与电源完全断开的检修设备，可以拆除设备与电源之间的电气连接。

### 2. 验电

（1）验电时，应使用相应电压等级而且合格的接触式验电器，在装设接地线或合接地开关处对各相分别验电。验电前，应先在有电设备上进行试验，确证验电器良好。无法在有电设备上进行试验时，可用高压发生器等确证验电器良好。对于在木杆、木梯或木架上验电，不接地线不能指示者，可在验电器绝缘杆尾部接上接地线，但应经运行值班负责人或工作负责人许可。

（2）在断路器或熔断器上验电，应在断口两侧验电。

（3）在电力线路杆上验电时，先验下层，后验上层；先验低压，后验高压；先验距人体较近的导线，后验距人体较远的导线。

（4）高压验电应戴绝缘手套，验电器的伸缩式绝缘棒的长度应拉足。验电时，手应握在手柄处且不得超过护环，人体应与验电设备保持安全距离。雨雪天气时，不得进行室外直接验电。

（5）对无法进行直接验电的设备，可以进行间接验电（即检查隔离开关的机械指示位置、电气指示、仪表及带电显示装置指示的变化），且至少应有两个及以上指示已同时发生对应变化。若进行遥控操作，则应通过同时检查隔离开关的状态指示，遥测、遥信信号，以及带电显示装置的指示来进行间接验电。330kV 及以上电压等级的电气设备可采用间接验电方法进行验电。

（6）表示设备断开和允许进入间隔的信号、经常接入的电压表等若指示有电，则禁止在设备上工作。

**3. 接地**

（1）装设接地线应由两人进行（经批准可以单人装设接地线的项目及运行人员除外）。

（2）当验明设备确已无电压后，应立即将检修设备接地，并将三相短路。电缆及电容器接地前应逐相充分放电，星形接线电容器的中性点应接地，串联电容器及与整组电容器脱离的电容器应逐个放电，装在绝缘支架上的电容器外壳也应放电。

（3）对于可能送电至停电设备的各方面都应装设接地线或合上接地开关，所装接地线与带电部分应考虑接地线摆动时仍符合安全距离的规定。

（4）当因平行或邻近带电设备导致检修设备可能产生感应电压时，应加装接地线或工作人员使用个人保安接地线，加装的接地线应登录在工作票上，个人保安接地线由工作人员自装自拆。

（5）在门型架构的线路侧进行停电检修，如工作地点与所装接地线的距离小于10m，工作地点虽在接地线外侧，也可不另装接地线。

（6）检修部分若分为几个在电气上不相连接的部分（如分段母线以隔离开关或断路器隔开分成几段），则各段应分别验电接地短路。降压变电站全部停电时，应将各个可能来电侧的部分接地短路，其余部分不必每段都装设接地线或合上接地开关。

（7）接地线、接地开关与检修设备之间不得连有断路器或熔断器。若由于设备原因，接地开关与检修设备之间连有断路器，在接地开关和断路器合上后，应有保证断路器不会分闸的措施。

（8）在配电装置上，接地线应装在该装置导电部分的规定地点，这些地点的油漆应刮去，并画有黑色标记。所有配电装置在适当地点均应设有与接地网相连的接地端，接地电阻应合格。接地线应采用三相短路式接地线，若使用分相式接地线，应设置三相合一的接地端。

（9）装设接地线应先接接地端，后接导体端，接地线应接触良好，连接应可靠。拆接地线的顺序与此相反。装、拆接地线均应使用绝缘棒和戴绝缘手套。人体不得碰触接地线或未接地的导线，以防止感应电触电。

（10）成套接地线应由有透明护套的多股软铜线组成，其截面积不得小于 $25mm^2$，同时应满足装设地点短路电流的要求。禁止使用其他导线做接地线或短路线。

接地线应使用专用的线夹固定在导体上，严禁用缠绕的方法进行接地或短路。

（11）严禁工作人员擅自移动或拆除接地线。高压回路上的工作，需要拆除全部或一部分接地线后才能进行工作的情况（如测量母线和电缆的绝缘电阻，测量线路参数，检查断路器触头是否同时接触），拆除接地线的方式有以下几种。

1）拆除一相接地线。

2）拆除接地线，保留短路线。

3）将接地线全部拆除或拉开接地开关。

上述工作应征得运行人员的许可（根据调度员指令装设的接地线，应征得调度员的许可）方可进行，工作完毕后立即恢复。

（12）每组接地线均应编号，并存放在固定地点。存放位置也应编号，接地线号码与存放位置的号码应一致。

（13）装、拆接地线，应做好记录，交接班时应交代清楚。

**4．悬挂标志牌和装设遮栏（围栏）**

（1）在一经合闸即可送电到工作地点的断路器和隔离开关的操作把手上，均应悬挂"禁止合闸，有人工作！"的标志牌。如果线路上有人工作，应在线路断路器和隔离开关操作把手上悬挂"禁止合闸，线路有人工作！"的标志牌。对由于设备原因，接地开关与检修设备之间连有断路器，当接地开关和断路器合上后，在断路器操作把手上应悬挂"禁止分闸！"的标志牌。在显示屏上进行操作的断路器和隔离开关的操作把手处均应相应设置"禁止合闸，有人工作！"或"禁止合闸，线路有人工作！"以及"禁止分闸！"的标志牌。

（2）部分停电的工作，安全距离小于表 4-1 规定距离以内的未停电设备，应装设临时遮栏。临时遮栏与带电部分的距离不得小于《工作人员工作中正常活动范围与带电设备的安全距离》的规定数值，临时遮栏可用干燥木材、橡胶或其他坚韧的绝缘材料制成，装设应牢固，并悬挂"止步，高压危险！"的标志牌。35kV 及以下电压等级的设备的临时遮栏，如有特殊工作需要，可用绝缘挡板与带电部分直接接触。但此种挡板应具有高度的绝缘性能，并符合相关要求。

（3）在室内高压设备上工作，应在工作地点两旁及对面运行设备间隔的遮栏（围栏）上和禁止通行的过道遮栏（围栏）上悬挂"止步，高压危险！"的标志牌。

（4）高压开关柜内手车开关拉出后，隔离带电部位的挡板封闭后禁止开启，并设置"止步，高压危险！"的标志牌。

（5）在室外高压设备上工作，应在工作地点四周装设围栏，其出入口要围至道路旁边，并设有"从此进出！"的标志牌。工作地点四周围栏上悬挂适当数量的"止步，高压危险！"的标志牌，标志牌应朝向围栏里面。若室外配电装置的大部分设备停电，只有个别地点保留有带电设备，而其他设备无触及带电导体的可能时，可以在带电设备四周装设全封闭围栏，围栏上悬挂适当数量的"止步，高压危险！"的标志牌，标志牌应朝向围栏外面。严禁越过围栏。

（6）在工作地点设置"在此工作！"的标志牌。

（7）在室外构架上工作，应在工作地点邻近带电部分的横梁上悬挂"止步，高压危险！"的标志牌。在工作人员上下的铁架或梯子上应悬挂"从此上下！"的标志牌。在邻近其他可能误登的带电架构旁应悬挂"禁止攀登，高压危险！"的标志牌。

（8）严禁工作人员擅自移动或拆除遮栏（围栏）、标志牌。

# 第三节　分布式光伏用户安全生产注意事项和典型事故

近年来，太阳能发电的应用日趋广泛，发展迅速，而越来越多的问题也开始暴露在人们面前，分布式光伏发电系统建设施工、运行维护的问题突出，一些分布式光伏发电系统典型事故，可能造成人身、财产的巨大损失。本节通过对安全管理措施、防护措施和系统典型事故分析，确保分布式光伏发电系统的安全运行。

## 一、分布式光伏用户施工检修现场的安全管理

用户分布式光伏进行施工检修时，应做好施工检修现场的安全工作，电网企业指导用户

做好施工检修现场的各项安全工作措施。

**（一）施工检修现场的特点**

（1）参加施工检修工程技术人员、操作人员多，协调配合工作难度较大。

（2）工程量大，工序复杂，项目流程，配合单位多。

（3）检修人员工作分散，管理难度大，有一定的安全隐患。

**（二）一般要求**

（1）接入高压配电网的分布式光伏，并网点应安装易操作、可闭锁、具有明显断开点、可开断故障电流的开断设备，电网侧应能接地。

（2）接入低压配电网的分布式光伏，并网点应安装易操作、具有明显开断指示、具备开断故障电流能力的开断设备。

（3）接入高压配电网的分布式光伏用户侧进线开关、并网点开断设备应有名称，并报电网管理单位备案。

（4）应全面掌握分布式光伏发电系统的情况，并在分布式光伏发电系统接线图上标注完整。

（5）装设于配电变压器低压母线处的反孤岛装置与低压总开关、母线联络开关间应具备操作闭锁功能。

（6）电网调度控制中心应掌握接入高压配电网的分布式电源并网点开断设备的状态。

（7）直接接入高压配电网的分布式电源的启停应执行电网调度控制中心的指令。

（8）分布式电源并网前，电网管理单位应对并网点设备验收合格，并通过协议与用户明确双方安全责任和义务。并网协议中至少应明确以下内容。

1）并网点开断设备（属于用户）的操作方式。

2）检修时的安全措施。双方应相互配合做好电网停电检修的隔离、接地、加锁或悬挂标志牌等安全措施，并明确并网点安全隔离方案。

3）由电网管理单位断开的并网点开断设备，仍应由电网管理单位恢复。

**（三）运行维护和操作要求**

（1）分布式电源项目验收单位在项目并网验收后，应将工程有关技术资料和接线图提交电网管理单位，及时更新系统接线图。

（2）电网管理单位应掌握、分析分布式电源接入配电变压器台区的状况，确保接入设备满足有关技术标准。

（3）进行分布式电源相关设备操作的人员应有与现场设备和运行方式相符的系统接线图，现场设备应具有明显操作指示，便于操作及检查确认。

（4）操作应按规定填用操作票。

**（四）检修工作要求**

（1）在分布式电源并网点和公共连接点之间的作业，必要时应组织现场查勘。

（2）在有分布式电源接入的相关设备上工作，应按规定填用工作票。

（3）在有分布式电源接入电网的高压配电线路、设备上停电工作，应断开分布式电源并网点的断路器（开关）、隔离开关（刀闸）或熔断器，并在电网侧接地。

（4）在有分布式电源接入的低压配电网上工作，宜采取带电工作方式。

（5）若在有分布式电源接入的低压配电网上停电工作，至少应采取以下措施之一防止反送电。

1）接地。

2）绝缘遮蔽。

3）在断开点加锁、悬挂标志牌。

（6）电网管理单位停电检修，应明确告知分布式电源用户停、送电时间。由电网管理单位操作的设备，应告知分布式光伏用户。以空气断路器等无明显断开点的设备作为停电隔离点时应采取加锁、悬挂标志牌等措施防止误送电。

**（五）作业现场安全管理**

（1）切实加强现场安全组织管理。大型作业现场，施工单位负责人必须亲临现场，用电检查人员要不定期到作业现场进行督促检查。建立现场组织，指定合适的工作负责人、现场安全负责人、现场技术负责人，所有参加检修人员必须持证上岗。

（2）停电计划要统筹安排。现场人员多，工作面大，大型施工机具、起重设备及检修工器具、试验仪器等同时到场，因此必须加强对作业现场的控制，确保现场作业安全。特别要指导客户加强对高空作业、交叉作业现场的工作监护。多班组、立体交叉的大型作业、特殊运行方式的施工必须详细制订"三措"和施工方案，准备充分。所有作业要保证安全监护到位。

（3）要求客户严格执行现场作业工作流程。开工前，总工作负责人要召集各小组负责人，对工作总体进展及相互间配合顺序进行总体安排，并填写作业过程控制卡，有效协调各专业进入现场作业的顺序和时间，确保现场作业安全。

（4）严格执行《安规》、"两票"（工作票、操作票）制度，特别要执行工作票"双签发"制度（工作票"双签发"：签发工作票时，双方工作票签发人在工作票上分别签名，各自承担本规程工作票签发人相应的安全责任），严格把好关。倒闸操作和检修作业要认真落实监护人职责。各级管理人员及现场安全监督人员要严把监督到位关，杜绝违章指挥、违章作业、违章操作等行为的出现，确保检修工作万无一失。所有工作票要提前按照有关规定递交客户变电站运行人员，并审核无误后由运行人员填写收到工作票的时间并签名。工作负责人要严格执行工作票开、竣工制度，开工前全体工作人员要列队整齐，工作负责人要高声唱票，开、竣工时间要填写实际时间，人员名字不得代签。工作票结束后，多班组开工票、竣工票，以及危险因素控制措施卡、作业指导卡全部交回工作负责人，办理终结的工作票应按有关规定进行评议并妥善保存。

（5）加强检修现场的文明生产。要求现场文明检修，规范化管理工作现场的工器具，备品配件要摆放有序，环境保持相对清洁，工作人员着装整齐，安全防护用具齐备且使用得当。在工作结束后，要认真清理现场，不遗留杂物。

（6）杜绝运行人员在不了解工作任务和不明确责任分工时就盲目操作，严格执行调度纪律。现场安全遮栏应封闭，并留有专用检修通道。

（7）贯彻"应修必修、修必修好、讲求实效"的原则，加强检修质量管理，所有检修作业工作应按照"检修现场作业指导卡"的要求进行，要严格执行有关专业规程、规定和工艺标准，逐条逐项认真落实，严禁漏项、随意降低标准、简化程序。每台设备的检查结果和检修情况都进入台账或记录，并由施工负责人和客户设备验收人签字认可，发生问题要追究有关人员的责任。

（8）协助客户建立健全各种安全工作的规章制度、技术管理台账等。

（9）协助客户开展检修技能与检修管理的培训，提高检修工艺水平和检修管理水平，加强安全防护意识，提高检修工程质量，确保客户供配电设备安全运行。

## 二、分布式光伏用户季节性的安全措施

### （一）季节性反事故措施

#### 1. 防风

实际气象条件可能超过送电线、变电设备、设施设计风速的，就要加强防风措施。

（1）掌握线路各地段的大风规律。河口、山谷更要注意，平时积累大风的风力、方向、日数、季节的资料，以便在大风到来前采取防风措施。

（2）基础土壤下沉要填满，倾斜要扶正，基础土要扎实。

（3）检查全线路的弛度及风偏。

（4）周期性紧固螺栓。

#### 2. 防洪

在夏季洪汛季节，配电设施有可能遭受洪水的袭击而发生事故。架空线路防洪的技术措施很多，要根据具体情况，全面进行技术经济比较后决定，具体办法如下：

（1）对杆塔基础周围的土壤，如果有下沉、松动的情况，应填土夯实，在杆根处还应培出一个高出地面不小于 30mm 的土台。

（2）采用各种方法保护杆塔基础的土壤，使其不被冲刷或坍塌。

（3）对于设在水中或汛期有可能被水浸淹的变电设施或杆塔，应根据情况增添支撑杆或拉线。

（4）对于在汛期有可能被洪水冲击的杆塔，根据具体情况，应增添护堤。

#### 3. 防冻

（1）防止覆冰与去冰措施。

1）采用水平排列防止导线跳跃闪络事故。

2）加大导、地线及导线间的距离。

3）采用防覆冰导线，沿导线一定间隔装塑料环。据国外观察，冰雪是沿电线绞合方向滑动捻转形成冰柱的，加装环后，滑动被环阻挡，使冰雪增厚，自动脱落。另一种为在钢芯与铝线间具有一耐热绝缘层，可分区自成回路，通电加热，达到融冰的目的。

4）在选路径和变电站站址时，避开冷热交汇带。

5）采用电流溶解法，这种方法主要是加大负载电流或用人工短路来加热导线使覆冰融解入地，这需要专用设备，在重冰区都用此法。

6）机械消冰常用木棒敲打、木制套圈、滑车式除冰等方法。

（2）防冻措施。

1）改进电杆结构。法兰盘连接处进水最多，可用钢圈焊接代替法兰连接。必须使用法兰者，可将法兰做成挡水型的，即在下法兰内腔焊一 30mm 的挡水圈，下雨时，会挡住雨水进入杆内。还应在电杆地面上 0.2m 处预留放水孔，防止电杆地面以上部分积水。

2）在底盘留泄水孔，使水从孔中及时排出。泄水孔不宜过大，以直径 80~100mm 为宜，

过大则泄水太快，可能冲走底盘周围土壤而引起基础下沉。这个措施在黄土、黏土等不渗水地带无效。

3）施工中严格控制起吊电杆位置，防止起立过程中出现裂纹。杆顶要堵牢，杆壁破碎处要及时修补，法兰和钢圈处应用水泥浆涂抹，封堵一切可能进水的渠道。

4）已运行的无放水孔的电杆，要开放水孔。当土壤冻层在 0.5m 以上时，放水孔宜打在地面上 0.1～1.2m 处，孔径 16～20mm，孔壁用水泥砂浆抹平。当冻层在 0.5m 以内时，可在冻层下打放水孔，并用铁管引出。铁管周围土壤应设置反滤层，即在管外敷设一层石子（先大后小），再在周围填上砂子，这样可防止下雨时泥土流进铁管堵住管孔。在地面处已设放水孔的电杆，每年结冻前应检查杆内水位，并用手压泵把水抽尽，使杆内水位低于地面。

### 4. 变电站防洪、防震

（1）变电站要有防洪设施，根据具体情况可做小防洪坝或大防洪坝、使洪水不致冲刷变电站外墙基础及杆塔、避雷器基础等。

汛期要加强巡视，以防洪水进入变电站淹没电缆沟、冲刷设备基础（特别是无人值班变电站），要做好变电站的防洪工作。有可能被洪水冲刷的变电站，要备些防洪用的工具、材料（包括草袋子及砂子等），万一洪水进入变电站，必须立即组织人员把洪水排出去。

（2）要经常检查变电站各部基础，如有变形，应立即整修，对于防洪能力较差的基础、墙壁应加固。

（3）变电站各通道应畅通，门向外开启，以利地震时疏散人员。对无人值班变电站，应定期对各种防震设施进行检查，发现缺陷立即处理。

（4）各变电站人员要常收听地震预报，以做好防震准备工作。

### （二）分布式光伏用户的季节性安全检查

应根据季节性事故特点，做好设备季节性安全检查，保证安全发电。

对设备进行安全检查的内容如下：

（1）防污检查：检查重污秽区反污措施的落实，推广防污新技术，改善电气设备的绝缘质量，防止污闪事故的发生。

（2）防雷检查：在雷雨季节到来之前，检查设备的接地系统、避雷针、避雷器等设施的安全、完好性。

（3）防汛检查：汛期到来之前，检查防洪电气设备的检修、预试工作是否落实，电源是否可靠，防汛的组织及技术措施是否完善。

（4）防冻检查：冬季到来之前，检查电气设备、消防设施的防冻情况，防小动物进入配电室及带电装置内的措施等。

## 三、用户分布式光伏常见事故分析

### （一）分布式光伏发电设备问题

随着分布式光伏电源的快速发展，造成了光伏组件、逆变器等光伏设备的低价竞争，也带来了部件的质量问题，据有关研究表明，部件质量问题大约占据光伏电站所有故障的 50%。据第三方检测认证机构某认证中心相关负责人透露，通过对 400 多个电站的测试发现，光伏组件主要存在热斑，本身工艺隐裂或破损，以及直流电弧等质量问题。

## 1. 光伏电池组件

（1）热斑效应。在一定条件下，一串联支路中被遮蔽的光伏组件，将被当作负载消耗其他有光照的光伏组件所产生的能量。被遮蔽的光伏组件此时会发热，这就是热斑效应。这种效应能严重破坏光伏组件。有光照的光伏组件所产生的部分能量都可能被遮蔽的光伏组件所消耗。如图4-1～图4-3所示，这3种情况都属于热斑效应。

图4-1　方阵之间遮挡　　　　　图4-2　鸟粪遮挡　　　　　图4-3　树荫遮挡

热斑效应的后果使光伏组件的局部电流与电压之乘积增大，从而在这些光伏组件上产生了局部温升，引起组件自燃。图4-4所示为当光伏组件产生热斑效应时，发生的自燃现象。图4-5所示为某光伏电站因光伏组件自燃而引起的火灾。为防止光伏电池由于热斑效应而遭受破坏，最好在光伏组件的正、负极间并联一个旁路二极管，以避免光照组件所产生的能量被受遮蔽的组件所消耗。

图4-4　组件自燃现象　　　　　　　图4-5　组件自燃引起的火灾

（2）直流电弧。

1）组件焊接面积过小或虚焊：短时间对组件无影响，但长时间易引起光伏组件的破裂（见图4-6），光伏组件只要接受太阳辐射，就会产生电压，长时间后，不仅引起温升损失，降低发电效率，更有甚者，组件出现电阻加大发热或引起电弧都会造成组件烧毁，从而引起火灾。

2）组件接线盒内部接线不良或焊点焊接面积过小：接线盒内引线若未卡紧（见图4-7），容易出现打火起火（见图4-8）；而焊点焊接面积过小也会导致电阻加大，从而造成组件烧毁；

引线长时间接触接线盒塑胶件，会因受热而造成起火。

图 4-6　光伏组件破裂　　　　图 4-7　接头松动　　　　图 4-8　接线盒烧毁

据有关研究表明，光伏发电系统中 40%的火灾都是由直流电弧引起的，也就是说源头主要集中于直流电源侧，不仅在光伏组件处，还包括汇流箱、逆变器等处。直流电弧引起的火灾如图 4-9 所示。整个电站的接头有成千上万个，任何一个接头松了，都有可能造成直流电弧，一有电弧就会引起火灾。因此，光伏系统的直流电弧的监测与断开也是近年来针对频发的火灾的一种防护措施。

图 4-9　直流电弧引起的事故

（3）光伏组件的工艺质量问题。组件产生气泡：抽真空温度时间过短，温度设定过高或过低，活内部有异物进入，从而产生气泡，这样会影响脱层，严重的会导致组件彻底报废。同时，还有组件的隐裂问题（见图 4-10），这些都是组件本身的工艺质量问题，如果前期不进行严格把关，很容易引起事故。

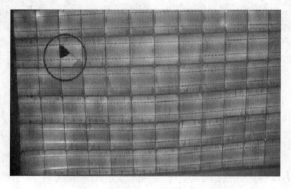

图 4-10　光伏组件的隐裂

### 2. 光伏汇流箱、直流柜

光伏汇流箱烧毁实物照片如图 4-11 所示。直流柜烧毁实物照片如图 4-12 所示。

图 4-11　光伏汇流箱烧毁实物照片　　　图 4-12　直流柜烧毁实物照片

引起汇流箱、直流柜被毁的原因有以下几方面。

（1）接地不可靠。

（2）线缆绝缘电阻过低。

（3）连接头接触不良。

（4）接线混乱等。图 4-13～图 4-15 所示为一些可能出现汇流箱烧毁的错误案例。

图 4-13　汇流箱未接地线

从图 4-13～图 4-15 可得出以下结论：在运行前，需要对光伏发电系统进行绝缘测试和电气检查，进行全面的发电系统考察，确保发电系统的安全性。

### （二）分布式光伏项目建设施工问题

### 1. 连接头接触不良

电缆老化造成线路熔断实物照片如图 4-16 所示。

图 4-14　汇流箱接地虚接或老化

图 4-15　汇流箱走线混乱

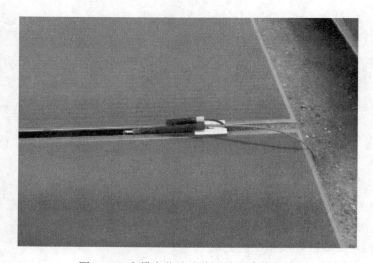

图 4-16　电缆老化造成线路熔断实物照片

以下两种情况都极有可能造成直流电弧，从而成为火灾的源头。

（1）双芯电缆未压紧，端子与电缆铜丝接触不良，接触电阻过大发热。

（2）连接器未包裹防尘，造成沙尘进入，以致产生过高的接触电阻而造成连接器发热。

## 2. 电缆走线不规范

光伏发电系统电缆分布广，无法针对电缆设置固定的灭火装置，因此需要在设计与施工中提前注意安全准备。在实际施工中会出现的问题有以下几种。

（1）汇流箱等设备缺少有效的接地保护，接地线未连接，一旦有虚接或雷击等会产生对地短接，不仅影响发电效率，更有甚者，很可能会造成汇流箱烧毁等严重后果。

（2）电缆走线没有安装桥架，也无任何的防护，电缆老化加快，且电缆经过强电流的时候，倘若出现电缆破损，会有漏电危险，不仅危害人身健康，更可能造成重大火灾。

## 3. 屋顶排水措施缺乏

在分布式光伏发电系统中，屋顶没有良好的排水措施，电缆也未进行桥架或穿线管的敷设，容易导致常年积水，不仅引起光伏效率的降低，更重要的是导致光伏组件进水，电缆的老化、腐蚀加快，造成漏电火灾的产生。

## （三）火灾防护措施

光伏发电系统是一个非常细致的工作，需要完整、科学、准确的数据采集、监测、监控、数据传输系统和现场工作人员的能力（对于隐性故障的判断、排除和隔离主要靠现场工作人员）。通过对光伏发电系统火灾可能产生的原因的分析，找到方法、措施来预防或消灭光伏发电系统火灾。

（1）排除光伏组件及其他设备的质量问题和隐患：使用前，对组件或者接线盒等进行各项功能测试、结构检查、湿漏电试验、环境试验、升温试验等，杜绝因质量问题产生的安全危险。

（2）完善光伏发电系统的火灾自动监控、报警系统。光伏发电系统的火灾源头主要是电缆及电气设备。完善的火灾监控预防系统集电池组件汇流，电参数监控，以及火灾预警与数据通信于一体，保证原有功能，并达到火灾预警的目的，实现具有火灾预警功能的智能汇流箱。

（3）施工标准管理。所有设备都应有可靠的接地或接零措施，布线应合理、安全、可靠，保证设备和电缆的最大利用率。合理安排施工计划，不一味赶工期，严把质量关。

光伏发电系统的质量管理流程是在整个生命周期里实现多点把控，从结合气候应用环境来对材料进行选择，到在制造、安装、运行维护过程中进行质量管控，涉及方方面面。争取将灾害控制在萌芽状态。

## 四、分布式光伏日常维护的注意事项

### 1. 组件和支架的维护

（1）光伏组件表面应保持清洁，应使用干燥、柔软、洁净的布料擦拭光伏组件，严禁使用腐蚀性溶剂擦拭光伏组件。应在辐照度低于 $200W/m^2$ 的情况下清洁光伏组件，不宜使用与组件温差较大的液体清洗组件。

（2）对光伏组件应定期检查，若发现下列问题应立即调整或更换光伏组件。光伏组件存在玻璃粉碎、背板灼焦、明显的颜色变化；光伏组件中存在与组件边缘或任何电路之间形成连通通道的气泡；光伏组件的接线盒变形、扭曲、开裂或烧毁，接线端子无法良好接触。

（3）光伏组件上的带电警告标志不得丢失。

（4）使用金属边框的光伏组件，边框和支架应结合良好，两者之间的接触电阻不大于 $4\Omega$，边框必须牢固接地。

（5）在无阴影遮挡条件下工作时，在太阳辐照度为 $500W/m^2$ 以上、风速不大于 $2m/s$ 的条件下，同一光伏组件的外表面（电池正上方区域）的温度差异应小于 $20℃$。装机容量大于 $50kWp$ 的光伏电站应配备红外线热像仪，以检测光伏组件外表面的温度差异。

（6）使用直流钳形电流表在太阳辐射强度基本一致的条件下测量接入同一个直流汇流箱的各光伏组件串的输入电流，其偏差应不超过 5%。

（7）支架的所有螺栓、焊缝和支架连接应牢固、可靠，表面的防腐涂层不应出现开裂和脱落现象，否则应及时补刷。

**2. 汇流箱的维护**

（1）直流汇流箱不得存在变形、锈蚀、漏水、积灰现象，箱体外表面的安全警示标志应完整无破损，箱体上的防水锁启闭应灵活。

（2）直流汇流箱内的各个接线端子不应出现松动、锈蚀现象。

（3）直流汇流箱内的高压直流熔丝的规格应符合设计规定。

（4）直流输出母线的正极对地、负极对地的绝缘电阻应大于 $2M\Omega$。

（5）直流输出母线端配备的直流断路器，其分断功能应灵活、可靠。

（6）直流汇流箱内的防雷器应有效。

**3. 直流配电柜的维护**

（1）直流配电柜不得存在变形、锈蚀、漏水、积灰现象，箱体外表面的安全警示标志应完整无破损，箱体上的防水锁开启应灵活。

（2）直流配电柜内各个接线端子不应出现松动、锈蚀现象。

（3）直流输出母线的正极对地、负极对地的绝缘电阻应大于 $2M\Omega$。

（4）直流配电柜的直流输入接口与汇流箱的连接应稳定、可靠。

（5）直流配电柜的直流输出与并网主机直流输入处的连接应稳定、可靠。

（6）直流配电柜的直流断路器的动作应灵活，性能应稳定、可靠。

（7）直流母线输出侧配置的防雷器应有效。

**4. 逆变器的维护**

（1）逆变器的结构和电气连接应保持完整，不应存在锈蚀、积灰等现象，散热环境应良好。逆变器运行时不应有较大振动和异常声响。

（2）逆变器上的警示标志应完整无破损。

（3）逆变器中的模块、电抗器、变压器的散热风扇根据温度自行启动和停止的功能应正常。散热风扇运行时，不应有较大振动及异常声响，如有异常情况，应断电检查。

（4）定期将交流输出侧（网侧）断路器断开一次，逆变器应立即停止向电网馈电。

（5）逆变器中，若直流母线电容的温度过高或超过使用年限，应及时更换。

**5. 交流配电柜的维护**

（1）确保配电柜的金属架与基础型钢用镀锌螺栓完好连接，且防松零件齐全。

（2）配电柜中，标明被控设备编号、名称或操作位置的标志器件应完整，编号应清晰、工整。

（3）母线接头应连接紧密，无变形，无放电变黑痕迹；绝缘无松动和损坏；紧固连接螺栓无生锈。

（4）手车、抽出式成套配电柜的推拉应灵活，无卡阻、碰撞现象，动静头与静触头的中心线应一致，且触头接触紧密。

（5）配电柜中，开关、主触点无烧熔痕迹，灭弧罩无烧黑和损坏，紧固各接线螺栓，清洁柜内灰尘。

（6）把各分开关柜从抽屉中取出，紧固各接线端子。检查电流互感器、电流表、电能表的安装和接线，手柄操动机构应动作灵活、可靠，紧固断路器进、出线，清洁开关柜内和配电柜后面引出线处的灰尘。

（7）低压电器发热物件散热应良好，切换压板应接触良好，信号回路的信号灯、按钮、光字牌、电铃、电筒、事故电钟等的动作和信号显示应准确。

（8）检验柜、屏、台、箱、盘间线路的线间和线对地间的绝缘电阻值，馈电线路必须大于 $0.5M\Omega$，二次回路必须大于 $1M\Omega$。

### 6．变压器的维护

（1）变压器的温度计应完好，油温应正常，储油柜的油位应与环境温度相对应，各部位无渗油、漏油。每台变压器的负荷大小、冷却条件及季节可能不同，运行中的变压器不能单纯以上层油温不超过允许值为依据，还应根据以往的运行经验及在上述情况下与上次的油温比较。

（2）套管油位应正常，套管外部无破损裂纹，无严重油污，且无放电痕迹及其他异常现象，油质应透明、微带黄色，由此可判断油质的好坏。油面应符合周围温度的标准线，如油面过低应检查变压器是否漏油等。油面过高应检查冷却装置的使用情况，是否有内部故障。

（3）变压器的声响应正常，正常运行时，一般有均匀的"嗡嗡"电磁声。如声响有异常，应细心检查，做出正确判断，并立即进行处理。

（4）变压器引线应无断股，接头应无过热变色或示温片熔化（变色）现象，呼吸器应完好，硅胶的变色程度不应超过 3/4。

（5）有励磁调压分接开关的分接位置及电源指示应正常，气体继电器内应无气体，变压器外壳接地、铁芯接地应完好等。

（6）恶劣天气时，应重点进行特殊检查。大风时，检查引线有无剧烈摆动，弧垂是否足够，变压器顶盖、套管引线处应无杂物；大雪天，各部触点在落雪后，不应立即熔化或有放电现象；大雾天，各部应无火花放电现象等。

### 7．电缆的维护

（1）电缆不应在过负荷的状态下运行，电缆的铅包不应出现膨胀、龟裂现象。

（2）电缆在进出设备处的部位应封堵完好，不应存在直径大于 10mm 的孔洞，否则用防火堵泥墙封堵。

（3）在电缆对设备外壳压力、拉力过大的部位，电缆的支撑点应完好。

（4）电缆保护钢管口不应有穿孔、裂缝和显著的凹凸不平，内壁应光滑。金属电缆管不应有严重锈蚀，不应有毛刺、垃圾，如有毛刺，应将毛刺处锉光后，用电缆外套将电缆管包裹并扎紧。

（5）应及时清理室外电缆井内的堆积物、垃圾，如电缆外皮损坏，应进行处理。

（6）检查室内电缆明沟时，要防止损坏电缆，确保支架接地与沟内散热良好。

（7）直埋电缆线路沿线的标桩应完好无损，路径附近地面无挖掘，确保沿路径地面上无堆放重物、建材及临时设施，无腐蚀性物质排泄，确保室外露出地面的电缆保护设施完好。

（8）确保电缆沟或电缆井的盖板完好无缺，沟道中不应有积水或杂物，确保沟内支架牢固，无锈蚀、松动现象，铠装电缆外皮及铠装不应有严重锈蚀。

（9）对于多根并列敷设的电缆，应检查电流分配和电缆外皮的温度，防止因接触不良而烧坏电缆连接点。

（10）确保电缆终端头接地良好，绝缘套管完好、清洁、无闪络放电痕迹，确保电缆相色明显。

# 附录　分布式光伏发电项目考核时限

第一类 10kV 接入电网分布式光伏发电项目考核时限见附表 1。

附表 1　第一类 10kV 接入电网分布式光伏发电项目考核时限

| 序号 | 环节名称 | 开始时间 | 完成时间 | 考核时限 | 累计时间 | 责任部门（单位） | 配合部门（单位） |
|---|---|---|---|---|---|---|---|
| 1 | 受理申请 | — | — | 当天录入系统 | | 营销部门 | — |
| 2 | 申请资料传递 | 完成受理申请 | 申请资料抄告相关部门 | 2 个工作日 | 2 个工作日 | 营销部门 | — |
| 3 | 现场查勘 | 完成受理申请 | 完成现场查勘 | 2 个工作日 | | 营销部门 | 运检部门、调度部门、经研所、信通公司等 |
| 4 | 制订方案 | 完成现场查勘 | 制订接入方案并报送审查部门 | 10 个工作日，20 个工作日 | 12 (22) 个工作日 | 经研所 | — |
| 5 | 审查方案 | 收到接入方案 | 出具审查意见，接入电网意见函 | 5 个工作日 | 17 (27) 个工作日 | 发展部门 | 营销部门、运检部门、调度部门、经研所、信通公司等 |
| 6 | 答复方案 | 收到接入方案审查意见，接入电网意见函 | 答复接入系统方案，接入电网意见函 | 3 个工作日 | 20 (30) 个工作日 | 营销部门 | 发展部门、运检部门、调控部门、信通公司等 |
| 7 | 审查设计文件 | 受理审查申请 | 答复审查意见 | 10 个工作日 | 30 (40) 个工作日 | 营销部门 | 发展部门、运检部门、建设部门、信通部门等 |
| 8 | 电网配套工程实施 | ERP 建项 | 根据施工进度确定 | 与客户工程同步或提前竣工 | — | 运检部门、信通公司 | 发展部门、经研所、营销部门等 |
| 9 | 受理并网验收与调试申请 | — | — | 当天录入系统 | — | 营销部门 | — |

（注：序号 2、3 为并行）

续表

| 序号 | | 环节名称 | 开始时间 | 完成时间 | 考核时限 | 累计时间 | 责任部门（单位） | 配合部门（单位） |
|---|---|---|---|---|---|---|---|---|
| 10 | | 并网验收与调试申请资料传递 | 受理并网验收与调试申请 | 申请资料抄告相关部门 | 2个工作日 | | 营销部门 | — |
| 11 | 并行 | 计量装置的安装 | 受理并网验收与调试申请 | 完成计量装置的安装 | 10个工作日 | | 营销部门 | — |
| 12 | | 签订"购售电合同" | 受理并网验收与调试申请 | 完成合同签订 | 10个工作日 | 40（50）个工作日 | 营销部门 | 发展部门、运检部门、调度部门 |
| 13 | | 签订"并网调度协议" | 受理并网验收与调试申请 | 完成协议签订 | 10个工作日 | | 调度部门 | — |
| 14 | | 并网验收与调试 | 完成计量装置的安装 | 完成并网调试验收 | 10个工作日 | 50（60）个工作日 | 营销部门 | 运检部门、调度部门、信通公司 |
| 15 | | 并网 | 并网验收调试合格后直接并网 | — | — | — | — | — |

注 制订方案环节、第一类单点项目考核时限为10个工作日，多点项目为20个工作日。

第一类 380/220 V 接入电网分布式光伏发电项目考核时限见附表 2。

附表 2　　　第一类 380/220 V 接入电网分布式光伏发电项目考核时限

| 序号 | | 环节名称 | 开始时间 | 完成时间 | 考核时限 | 累计时间 | 责任部门（单位） | 配合部门（单位） |
|---|---|---|---|---|---|---|---|---|
| 1 | | 受理申请 | — | — | 当天录入系统 | — | 营销部门 | — |
| 2 | 并行 | 申请资料传递 | 完成受理申请 | 申请资料抄告相关部门 | 2个工作日 | 2个工作日 | 营销部门 | — |
| 3 | | 现场查勘 | 完成受理申请 | 完成现场查勘 | 2个工作日 | | 营销部门 | 运检部门、调度部门、信通公司、经研所等 |
| 4 | | 制订方案 | 完成现场查勘 | 制订接入方案并报送审查部门 | 单点并网，10个工作日；多点并网，20个工作日 | 12（22）个工作日 | 经研所 | — |

续表

| 序号 | 环节名称 | 开始时间 | 完成时间 | 考核时限 | 累计时间 | 责任部门（单位） | 配合部门（单位） |
|---|---|---|---|---|---|---|---|
| 5 | 审查方案 | 收到接入方案 | 出具审查意见 | 5个工作日 | 17（27）个工作日 | 营销部门 | 发展部门、运检部门、调度部门、信通公司、经研所等 |
| 6 | 答复方案 | 收到审查意见 | 答复接入方案 | 3个工作日 | 20（30）个工作日 | 营销部门 | 发展部门、经研所 |
| 7 | 配套工程建设 | ERP建设 | 根据施工进度确定 | 与客户工程同步或提前竣工 | — | 运检部门、信通公司 | 营销部门 |
| 8 | 受理并网验收与调试申请 | — | — | 当天录入系统 | — | 营销部门 | — |
| 9 | 并行 并网验收与调试申请资料的传递 | 受理并网验收与调试申请 | 申请资料抄告相关部门 | 2个工作日 | 25（35）个工作日 | 营销部门 | — |
| 10 | 计量装置的安装 | 受理并网验收与调试申请 | 完成计量装置的安装 | 5个工作日 | | 营销部门 | — |
| 11 | 签订"购售电合同" | 受理并网验收与调试申请 | 完成合同的签订 | 5个工作日 | | 营销部门 | 发展部门、运检部门、调度中心 |
| 12 | 并网验收及调试 | 完成计量装置的安装 | 出具并网验收及调试意见 | 5个工作日 | 30（40）个工作日 | 营销部门 | 运检部门、调度部门、信通公司 |
| 13 | 并网 | 并网验收调试合格后直接并网 | — | — | — | — | — |

注　第一类用户多点并网的分布式光伏项目，在答复接入系统方案后增加设计审查环节，受理设计审查申请后10个工作日内答复审查意见。

第二类分布式光伏发电项目考核时限见附表3。

### 第二类分布式光伏发电项目考核时限

附表3

| 序号 | 环节名称 | 开始时间 | 完成时间 | 考核时限 | 累计时间 | 责任部门（单位） | 配合部门（单位） |
|---|---|---|---|---|---|---|---|
| 1 | 受理申请 | — | 完成受理申请 | 当天录入系统 | | 营销部门 | — |
| 2 | 并行 申请资料传递 | 完成受理申请 | 申请资料抄告相关部门 | 2个工作日 | 2个工作日 | 营销部门 | — |

续表

| 序号 | | 环节名称 | 开始时间 | 完成时间 | 考核时限 | 累计时间 | 责任部门（单位） | 配合部门（单位） |
|---|---|---|---|---|---|---|---|---|
| 3 | 并行 | 现场查勘 | 完成受理申请 | 完成现场查勘 | 2个工作日 | | 营销部门 | 运检部门、调度公司、信通所等 |
| 4 | | 制订方案 | 完成受理申请 | 制订接入方案并报送审查部门 | 50个工作日 | 52个工作日 | 经研所 | — |
| 5 | | 审查方案 | 收到接入方案 | 出具审查意见及完成接入方案的修订 | 5个工作日 | 57个工作日 | 发展部门 | 营销部门、运检部门、调度公司、信通公司、经研等 |
| 6 | | 答复方案 | 收到接入方案审查意见、接入电网意见函 | 答复接入系统方案、接入电网意见函 | 3个工作日 | 60个工作日 | 营销部门 | — |
| 7 | | 审查设计文件 | 受理审查申请 | 答复审查意见 | 10个工作日 | 70个工作日 | 营销部门 | 发展部门、运检部门、建设部门、信通公司、经研所等 |
| 8 | | 配套工程建设 | ERP建项 | 根据施工工程进度确定 | 与客户工程同步或提前竣工 | — | 运检部门、信通公司 | 发展部门、经研所等 |
| 9 | | 受理并网验收与调试申请 | — | 申请资料抄告相关部门 | 当天录入系统 | — | 营销部门 | — |
| 10 | 并行 | 并网验收与调试申请传递 | 受理并网验收与调试申请 | 申请资料抄告相关部门 | 2个工作日 | 80个工作日 | 营销部门 | — |
| 11 | | 计量装置的安装 | 受理并网验收与调试申请 | 完成计量装置的安装 | 10个工作日 | | 营销部门 | — |
| 12 | | 签订"购售电合同" | 受理并网验收与调试申请 | 完成合同的签订 | 10个工作日 | | 营销部门 | 发展部门、运检部门 |
| 13 | | 签订"并网调度协议" | 受理并网验收与调试申请 | 完成协议的签订 | 10个工作日 | | 调度部门 | — |
| 14 | | 并网验收与调试 | 完成计量装置的安装、合同的签订 | 完成并网调试与验收 | 10个工作日 | 90个工作日 | 营销部门 | 运检部门、调度部门、信通公司 |
| 15 | | 并网 | 并网验收调试合格后直接并网 | — | — | — | — | — |

# 参 考 文 献

[1] 孙向东，等．太阳能光伏并网发电技术．第 1 版．北京：电子工业出版社，2014．

[2] 杨勇，等．分布式光伏电源并网关键技术．第 1 版．北京：中国电力出版社，2014．

[3] 李钟实．太阳能光伏发电系统设计施工与应用．第 1 版．北京：人民邮电出版社，2012．